混凝土的可见与不可见裂缝

The Visible and Invisible Cracking of Concrete

[美] 理查德·W·伯罗斯 著

廉慧珍 覃维祖 李文伟 译

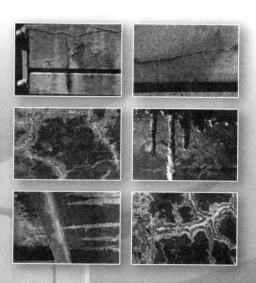

中国水利水电出版社

www.waterpub.com.cn

内 容 提 要

本书通过对大量工程的观察、实测、研究和分析，指出水泥颗粒粉磨偏向磨细、水化趋向加快，以及混凝土设计强度等级不断提高，尤其是早期强度发展的加快，是混凝土结构早期出现严重开裂和过早劣化，乃至破坏的根源，是影响混凝土开裂和耐久性的因素，并提出了改善措施和建议，有独到的观点和看法，对现代混凝土工程的质量控制和技术发展有重要的启发作用。

本书内容丰富，资料翔实，图文并茂，有很强的实用性，可供从事土木工程和水工混凝土材料及耐久性研究的技术与管理人员参考使用。

图书在版编目（CIP）数据

混凝土的可见与不可见裂缝/（美）伯罗斯著；廉慧珍，覃维祖，李文伟译．—北京：中国水利水电出版社，2013.7（2015.7重印）
书名原文：The visible and invisible cracking of concrete
ISBN 978 - 7 - 5170 - 1115 - 6

Ⅰ.①混…　Ⅱ.①伯…②廉…③覃…④李…　Ⅲ.①混凝土结构-裂缝-控制　Ⅳ.①TU755.7

中国版本图书馆 CIP 数据核字（2013）第 180949 号

书　名	**混凝土的可见与不可见裂缝**	
作　者	［美］理查德·W·伯罗斯　著	
	廉慧珍　覃维祖　李文伟　译	
出版发行	中国水利水电出版社	
	（北京市海淀区玉渊潭南路1号D座　100038）	
	网址：www.waterpub.com.cn	
	E-mail：sales@waterpub.com.cn	
	电话：（010）68367658（发行部）	
经　售	北京科水图书销售中心（零售）	
	电话：（010）88383994、63202643、68545874	
	全国各地新华书店和相关出版物销售网点	
排　版	中国水利水电出版社微机排版中心	
印　刷	三河市鑫金马印装有限公司	
规　格	184mm×260mm　16开本　7.25印张　172千字	
版　次	2013年7月第1版　2015年7月第2次印刷	
印　数	1501—3500册	
定　价	28.00元	

译 者 前 言

本书作者 Burrows 从 1946 年开始在美国垦务局（United States Bureau of Reclamation，USBR）从事混凝土耐久性研究，并在科罗拉多州的青山坝对 104 块混凝土实验面板进行了长达 53 年的观察、实测和研究，根据大量的实践，提出了不少独特的观点、看法和改善混凝土耐久性的措施和建议，对现代混凝土工程的质量控制和技术发展有重要的启发作用。当然，混凝土材料和工程是非常复杂的，下面提出译者的几点看法，希望引起讨论。

（1）混凝土的强度。全书贯穿的一个主题，是作者用大量工程实例表明：20 世纪 30 年代以来混凝土设计强度等级不断提高，尤其是早期强度发展的加快，是混凝土结构早期出现严重开裂和过早劣化，乃至破坏的根源。我们赞同这个观点，但同时也感到要扭转这个趋势存在很大的困难，首先它涉及人们观念、设计理论的更新，而这又需要在教育、宣传上付出；同时，它还涉及方方面面很多问题，此处不一一展开。

（2）矿物掺和料的作用。书中列举的实例表明了实验室的试验结果与现场的情况存在很大差异，作者表达的这个观点我们十分赞同。但是，任何材料在混凝土中的使用效果不仅和它本身的性质有密切关系，同时还在很大程度上取决于使用的环境条件。例如，文中所引掺粉煤灰混凝土的数据是在几十年前的技术条件基础上得到的，大量的工程实践表明，作者对粉煤灰等矿物掺和料在混凝土中作用的评价值得商榷。

（3）关于养护。作者根据工程的实践指出在干燥环境，尤其是干旱、刮风地区，且暴露面积又大的混凝土工程，长时间的湿养护反而会带来副效应，弊大于利的新颖论点发人深思，确实需要针对不同的工程和环境条件，采用相适应的湿养护方式和养护期。

（4）早期温度裂缝。尽管作者在多处肯定了德国慕尼黑工业大学 Springenschmid 教授在避免混凝土早期温度裂缝方面所做的开拓性工作，但由于作者本人所做工作的局限性（主要涉及干燥收缩引起的开裂），而对于近几十年来导致混凝土结构开裂和劣化的主因，即温度变形及产生应力的影响认识不足，使本书的整体作用和意义受到了局限。

　　十年前我们阅读了由美国混凝土学会（American Concrete Institute，ACI）发表的专题文献《The Visible and Invisible Cracking of Concrete》（混凝土的可见与不可见裂缝），之后经常将作者的观点介绍给国内同行，进行了内部交流，引起了强烈反响，大家希望能将此专题文献翻译出版，以扩大影响。经反复校译修改并获得版权后，我们终于完成了翻译工作，并正式出版而成此书。

译者　廉慧珍　覃维祖　李文伟

2013 年 1 月 18 日

摘　　要

当混凝土劣化时，通常都归咎于养护、骨料、外加剂和质量控制，水泥则很少受指责。或许这是因为人们相信，只要通过了标准测试，所有相同品种的水泥都是等同的。然而，品种相同但来自不同厂家的水泥，在延伸性（抗裂性）上却会有大幅度的差异。

现代水泥的组成和细度发生了很大变化，这是建筑业需求的反映；现代混凝土是 70 年来采用水化趋向加快、用量趋向加大的水泥的最终结果。这种趋势导致混凝土强度很高但也容易开裂，造成今天 115000 多座桥面板的劣化。桥面板和停车库是首先出现大量损坏的混凝土应用场合，因其体积变化处于较大的约束下，又受到较剧烈的温湿度变化。这种混凝土强度较高、弹性模量大，缺乏对因温度收缩、自生收缩和干缩引起的自应力松弛的能力。

对这些产生自应力的三个成因进行讨论，在关于水泥用量、水灰比、水泥细度、碱和外加剂及其他因素方面，本报告收集了自 1905 年 ACI 诞生以来，由大约 300 个研究者工作获得的数据。ACI 的期刊为本报告提供了大量信息。

本报告对混凝土受约束开裂的试验方法现状进行了综述，这些试验对解决桥面板的问题是必要的。所提出的解决方案是通过这样的试验去选择延伸性良好的水泥，而且用量尽可能少。低细度、低碱和低 C_3A（铝酸三钙）的水泥表现出最优异的抵抗由于自生应力而开裂的性能。在德国的高速公路上，此方法已应用于 290 多米长、无大梁、无施工缝桥面板的施工。

水泥用量过少的混凝土会透水，而水泥用量太多的混凝土则脆性大，这是个两难的问题。为了得到高抗渗性而加入足够的水泥，水灰比为 0.45，则混凝土就易于开裂。为解决这一难题，有人提出了一种方案：采用致密的、低水灰比、延伸性好的胶凝材料配制混凝土，类似于丹麦一些至今仍在使用的旧路（1934 年）。

我们不要再没完没了地把眼光总盯在采用替代物、外加剂和钢筋及塑料增强等治疗办法上，而直接着眼于把石头粘在一起的胶结料——水泥吧！

关键词：骨料；碱；碱—骨料反应；自生收缩；桥面板；水泥—骨料反应；水泥成分；开裂；徐变；养护；干缩；细度；粉煤灰；高性能混凝土（High - Performance Concrete，HPC）；渗透性；环收缩试验；强度；温度收缩；水灰比。

前　言

以往混凝土因崩溃而劣化，现在则因开裂而劣化。

65 年前，McMillan（1931 年）和 Young（1931 年）调查了混凝土的状况，1931 年他们在 ACI 例会上发表了 40 幅照片，其中没有一幅是描述龟裂、网状开裂、不同类型收缩引起的开裂或碱—硅酸反应（Alkali - Silica Reaction，ASR）造成的开裂。照片主要显示崩溃和渗漏产生的问题，如下表：

1931 年 McMillan 和 Young 调查的混凝土状况	照片数量
剥落*	9
渗漏	7
捣固不良	5
劣质粗骨料	4
表面裂缝富集	2
腐蚀性水	1
软弱层（水下浇筑）	1
良好的混凝土实例	11
网状开裂或干缩裂缝	—
碱—硅酸反应（ASR）	—
总计	40

* 可能包括冻融。

McMillan 和 Young 的照片中两个突出的地方是：只用两袋水泥拌制的保持外形相当好的两处混凝土，以及建造于 1918 年的混凝土船 Faith 的几张照片。这艘船暴露于软水环境 13 年后，钢筋没有发生锈蚀，尽管混凝土保护层只有 12.7mm。

20 世纪 20 年代混凝土破坏是由于崩溃，90 年代则因为开裂。是什么发生变化了呢？显然是水泥及其使用方法。在 20 年代，使用的是用量较低、水化慢的水泥，有时根本不进行水养护。在 1931 年，标准混凝土按 ACI 第 506 号规范配制，水灰比为 0.66，28d 标准强度才 14MPa 左右。今天，桥面板的水灰比为 0.30，28d 强度有时超过 56MPa，尽管桥梁的设计强度约为 12.6MPa，桥面板获得了不太好的开裂名声。估计有超过 115000 座桥面板出现间距很小、贯穿的横向裂缝（Kuauss 和 Rogalla，1996 年）。

从混凝土崩溃到开裂的转变，开始于水泥制造商以快硬水泥满足公众需要的 1928 年。C_3S（硅酸三钙）和水泥细度都开始增大，水泥用量也开始增加，最终导致现今桥面板开裂。

这表明我们为了追求强度已走得太快了。极具讽刺意义的是，按照 Mehta 的说法（1996 年）："……应用高强混凝土（High-Strength Concrete，HSC）75％以上是为了耐久性，而不是强度"。

目　录

混凝土开裂简历

下面所选事件涉及水泥细度、水泥含碱量、水泥用量、水灰比、强度和源自温度收缩、自生收缩和干缩的体积变化。

1905 年　混凝土用粗磨水泥、低 C_3A 和 C_3S、$0.60\sim1.00$ 的水灰比制成。由于需要 1 周才能达到足够的强度，在寒冷气候下很难操作。为了能在冬季施工，增加了水泥用量，有时还掺盐。这种状况由于增加 C_3A 含量而改善（在法国由 Jules Bied 发明）。通常不采用水养护，混凝土任由大气中的湿气来养护，不会因开裂而破坏，但可能会因冻融和盐蚀而崩溃。

1928 年　水泥以新的粉磨技术磨得较细，并增大了 C_3S 含量。Merriman 曾通过洗出水泥中的可溶碱解决了因水泥含碱而可能在硬化后不安定的问题。后来（1938 年），他为纽约城市供水署指定了低碱水泥，在那之前两年，Tom Stanton 发现了碱—硅酸反应（ASR）。

1931 年　ACI 颁布了第 506 号规范，要求基准混凝土水灰比为 0.66，（HPC）水灰比为 0.53，当时认为 $14\sim28$MPa 已足够了，而且对大多数应用也会是足够的。

1940 年　诊断出派克坝由于骨料中的蛋白石和水泥中的碱发生了反应而开裂（大部分都是硫酸钾，为什么将其称做碱？），确定了钠当量不得超过 0.60 以避免碱—硅酸反应（ASR）。Meissner 注意到干缩对派克坝在起作用，后来的实验表明，即使没有活性的骨料，碱也会引起开裂。他规定无论骨料有无活性，USBR 的工程要使用低碱水泥。加利福尼亚州也采用了这项规定。

1941 年　公路局的 Jackson 报道在得克萨斯州公路路面采用 $3\sim4$ 袋（每袋约 42.7kg）水泥的拌和物（水灰比约 0.70）10 年后外形保持极好，而芯样强度发展到 35MPa。

1942 年　麻省理工学院的 Carlson 发明了圆环收缩试验装置测量抗干缩开裂性能。他发现延长养护时间会使混凝土更易于开裂。后来 Powers、Neville 和 Mather 也说过这话。那时水胶比的范围是 $0.50\sim0.80$。

1943 年　波特兰水泥协会（Portland Cement Association，PCA）用 27 种水泥配制了混凝土在伊利诺伊州的 Scokie 进行了长达 25 年的暴露试验研究。他们发现（1968 年）水灰比高达 0.79 的混凝土，饱水并暴露在严酷的冻融条件下 25 年未受影响；他们还报道了水泥细度和化学成分也没有影响。然而，同样的水泥用于青山坝混凝土，并暴露在干燥的佛罗里达州气候中，结果由于高细度和高碱造成了严重的收缩裂缝，而此结果已由 Carlson 的圆环收缩试验所预测到。该裂缝被错误地归咎于碱—硅酸反应（ASR）。

1946 年　Jackson 调查了 137 座桥，发现其中建造于 1930 年以前的桥有 33% 正在劣化；而 1930 年以后建造的桥，则有 73% 在劣化。他认为这可能是由于 1930 年以前使用的是粗磨水泥。USBR 对此予以确认。Brewer 和本书作者于 1951 年发表的一项研究，并由 Mather 所鉴定。该研究成果在参考文献中未列入，因为没有人想听到关于强度增长缓慢的水泥，即使是掺入粉煤灰时强度增长慢的信息。

1953 年 国家标准局的 Blaine 开始了一个测试 199 种水泥的项目，其发表于 1965～1971 年间的数据表明：在圆环收缩试验中，水泥的含碱量和细度对干缩开裂影响很大。

1954 年 PCA 的 Woods 报道：水泥组分和细度对引气混凝土的抗冻融性没有影响。USBR（Backstrom 和 Burrows）则相反，用数据表明高细度和碱的有害影响，即使是引气混凝土。

1969 年 Lemish 根据依阿华公路劣化的一项研究报道：强度增长慢的混凝土性能良好。Houk 等人首先进行了关于自收缩的研究，表明添加细颗粒的胶凝材料后混凝土自收缩增大，这是现今发现磨细矿渣和硅灰这种作用的前身。

1973 年 是对耐久混凝土最不利的一年。那年批准了一个新规范，把 7d 最低强度从 17.4MPa 提高到 19.6MPa，从而把像青山坝使用的水化慢、效果却最好的 13 号水泥废弃了。道路工程师协会（American Association of State Highway and Transportation Officials，AASHTO）把用于桥面板的最大水灰比降到 0.445；最低强度从 21MPa 提高到 31.5MPa。

再有，开始使用环氧涂层钢筋，而无视会导致黏结强度损失 35% 的后果，结果造成了一些混凝土结构开裂。

1974 年 Howard 展示了在 1966 年把最低强度从 21MPa 提高到 28MPa 后，弗吉尼亚桥面板开裂加剧的证据。

1979 年 Carlson 说：由于温升高和干缩大，增加水泥用量对变形能力是没有好处的。他不了解自生收缩，当时这还没成为问题。

1982 年 由 Carlson 在 1942 年发明，Douglas 和 McHenry 在 1943 年，以及 Blaine 在 1953 年采用的受约束混凝土开裂试验，由 Springenschmid 等人在慕尼黑工业大学得到改进后采用。目前在法国、以色列、加拿大、日本和美国都采用了这类方法。至今，美国只进行了约 40 个试验，而慕尼黑工业大学已进行了约 800 个试验。该试验正用于研究混凝土由于温度收缩、自收缩和干缩产生的自应力引起的开裂。

1986 年 Novokschenov 观察了埃及和阿拉伯地区承包商用贫拌和物建造的别墅，表明几乎没有开裂现象，而同时由国际承包商建造的建筑物则开裂了。Mehta 在 1998 年对此予以确认。

1989 年 在法国，Paillere 用改进的慕尼黑装置进行试验，首次报道了使用硅灰的低水灰比混凝土因自收缩和干缩叠加作用的易裂性。那些年里，另一些人也研究了硅灰的副作用，他们是 Wiegrink 等，Bloom 和 Bentur，Tazawa 和 Miyazawa，Schrag 和 Summer，Jensen 和 Hansen，Kompe，以及 Springenchmid。

1992 年 Cannon 等人说，是时候认清使用过高强度混凝土会引起开裂的问题了，应停止使用。他们讨论了安全系数怎样不合理以及规范如何导致过量水泥的使用。

1994 年 Springenchmid 和他的同事指出：水泥含碱和高细度模数会加剧温度收缩和开裂。在所试验的 17 种水泥中，只有 7 种通过了他们的测试，而 6 种是低碱水泥。他们为德国高速公路上一座未设置施工缝的长达 292.6m 的桥设计了一种不易开裂的混凝土—— 一种贫拌和物（水泥约 280kg/m³，粉煤灰约 60kg/m³）；他们用 RILEM TC 119 的开裂架试验来选择水泥。

1995 年 对堪萨斯州 29 座桥开展了研究，Schmitt 和 Darwin 报告说：约 45MPa 的混凝土比约 31MPa 的混凝土裂缝多 3 倍；Bloom 和 Bentur 发现：低水灰比混凝土更易开裂；Kronlof 发现：低水灰比混凝土更易产生塑性收缩开裂；Hasan 和 Rameriz 发现：抗压强度从 36.7MPa 降低到 32.9MPa 可使其与环氧涂层钢筋的黏结强度比从 0.68 增大到 0.82。现在使用硅灰和高效减水剂（High – Range Water – Reducing Admixtures，HR-WRA）能使水灰比降到 0.2。Tazawa 量测到掺用 10％硅灰，水灰比为 0.2 的混凝土自生收缩可达 700×10^{-6}。

1996 年 Krauss 和 Rogalla 关于 NCHRP 12－37 桥面板的研究（TRB 第 380 号报告）建议使用尽可能低的水泥用量和水化慢、延伸性较好的水泥，以减少横向开裂。而 Goodspeed、Vanikar 和 Cook 在联邦公路管理局（Federal Highway Administration，FH-WA）上演讲中的建议正好与其相反。

1998 年 Goodspeed、Vanikar 和 Cook 在 FHWA 宣称：强度高的混凝土比较耐久。这与前述的 60 个实例大相径庭。在 1997～1998 年发表了 8 篇以上的论文指出高强混凝土的易裂性。在科罗拉多的丹佛及其附近，有 7 座 HSC 桥梁在开裂；3 座高性能混凝土示范桥、德克萨斯的卢埃特和圣安吉洛以及丹佛的Ⅰ-25 示范桥和 Yale 大街也已经开裂。很久以前，Springenchmid 的技术（RILEM Test TC 119）就已在美国应用。德克萨斯运输部的 Mary Lou Ralls 正在开发一种类似 Springenchmid 的开裂试验架，来研究使用强度高的混凝土而开裂得更严重的卢埃特桥。

本书由 Celik Ozyildirim 所领导的集团进行评议。

70 年来，水灰比的变化是趋向于减小徐变和增大温度收缩、自收缩和干缩导致的高自应力。图 1 的中心，在水灰比为 0.58 处，表示多年来实践的平均水平。图 1 向今天的混凝土技术专家们表明：从发展的观点来看，水灰比为 0.58 的情况不会就此为止。使早期强度高但耐久性差的另外三个趋势是由于高水泥细度、高 C_3S 和高碱含量。而高碱含量正是由于 20 世纪 70 年代发生能源危机，水泥生产需要提高能效而带来的后果。

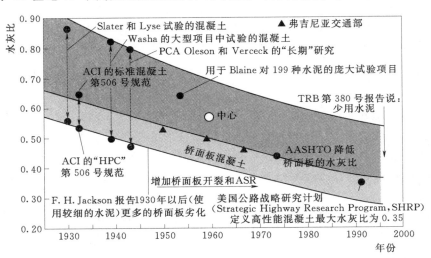

图 1　混凝土开裂简历

干燥对混凝土的 6 种作用

混凝土受干燥作用产生的 6 个作用是：塑性收缩开裂、体积收缩、微裂缝和渗透性增大、水泥—骨料黏结弱化、抗拉强度约降低 30％以及如果再受潮会受拆散力作用产生膨胀的倾向。

1. 塑性收缩开裂

新铺筑的混凝土表面因水分蒸发太快会产生收缩裂缝。1985 年 Paul Kraai 提出一种量测新铺混凝土板开裂的试验方法。与对照板相比较，它可以测试一些参数，例如掺加聚丙烯纤维的效果。该试验采用两台电扇在两块板上方吹风，然后通过计算进行对比。他并不知道在那之前 60 年 ACI 裂缝委员会主席 Bates（1925 年）就从事过同一试验。现在提起此事是因为那时 Bates 曾令人惊讶地说过："向潮湿试件的顶面吹风以造成快速蒸发，无论如何也不会增大开裂的趋势。"

为什么 Kraai 的试验产生了开裂，而 Bates 的试验却没有呢？这是因为 1928 年的粗磨水泥的黏性较小，不易开裂。与海滩上的淤泥和沙子类似，细颗粒的淤泥晒干后呈现出图案式的裂缝，而砂子就不会。那时的粗水泥像沙子般的偏粗，所以不容易产生塑性收缩裂缝。

混凝土拌和物中细颗粒增加时，塑性收缩开裂的趋势也会增大。水泥用量过高、水泥粉磨过细，以及掺入硅灰、磨细矿渣等细颗粒，增大了塑性收缩开裂的倾向。硅灰的这种作用在 1995 年被 Bloom 和 Bentur 所证实。

2. 体积收缩

笔者对这个已经研究了上百年的课题不可能有任何补充。使用坚固、无孔的骨料和最少量的水以及粗颗粒胶凝材料，体积收缩就最小。然而有一个评论是值得听取的：采用不受约束的条形试件（ASTM C 157）量测混凝土的体积收缩，对延伸性，即抗裂性并没有提供足够的信息。

3. 微裂缝和渗透性的增加

每个人都熟悉图 2 所示的可见裂缝类型，但是不可见的干燥收缩微裂缝常常是出现可见裂缝与更严重开裂的开始。麻省理工学院的 Carlson（1942 年）首先讨论了因干缩造成的微裂缝，推断其原因是收缩大的水泥浆体受到了骨料的约束。1951 年 Brewer 和 Burrows 发表了这种裂缝的照片。1994 年 Mehta 提出了混凝土劣化的整体模型（图 3）。该模型假定混凝土中原本存在不连通的微裂缝，受干湿、冷热循环作用（大气作用）而扩展并互相连通，增大了渗透性，水分、氯离子和硫酸根离子、二氧化碳、氧因而侵入，造成混凝土受冻融和其他机理引起的最终破坏。Brewer 和 Burrows 在 1951 年，Valenta 在 1968 年也曾叙述过这个假说。

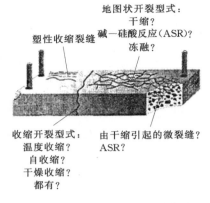

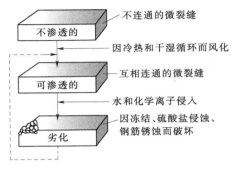

图 2 可见的和不可见的裂缝图　　　　　　　　图 3 Mehta 教授的整体模型

T. C. Powers 在 1954 年，Backstrom 和 Burrows 在 1955 年曾论证干燥引起渗透性的增大。Powers 尝试量测水泥浆体的渗透性，发现在干燥时它要开裂。后来采用尽可能缓慢的干燥过程，将浆体在相对湿度 79％（干燥始于 80％）下干燥了 3 年，发现即使是非常缓慢的干燥，低压水对浆体的渗透性也增大了 70 倍。他断定凝胶结构已经被破坏，虽然在显微镜下没有观察到任何裂缝。Backstrom 和 Burrows 的试验表明（图 4）：根据 Mehta 的模型，水灰比为 0.35 的混凝土在干燥前是不透水的，干燥使其变得透水，且容易遭受冻融破坏。

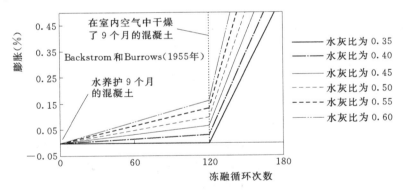

图 4 水灰比为 0.35 的混凝土在干燥前不透水，干燥后
变得透水，内部微裂缝使其易遭冻融破坏

Bager 和 Sellevold（1996 年）发现，缓慢干燥（失去 42％的蒸发水）使小孔数量减少，而大孔数量增加，产生了较多网状连通孔。Sugiyama 等人（1996 年）发现由于含水量减少，混凝土的透气性增大。Neville（1996 年）报道，烘干了的混凝土透气性增大 100 倍。Cady 和 Pu（1976 年）在混凝土试件顶部用红外线加热表面，发现当混凝土含水量低于 60％ 时，浸泡在甲基丙烯酸酯中汲入深度可达 89mm。Samaha 和 Hoover（1992 年）研究了微裂缝对氯离子传输的影响，发现烘干混凝土比加载至强度丧失的破坏性更大。

最后，笔者制备并养护了水灰比为 0.40 的水泥浆体试件，然后在 32℃ 条件下干燥。当把这 100mm 高的圆柱体放进 12.7mm 深的水中后，5d 内就将水吸到顶部。

4. 水泥—骨料间黏结的削弱

当混凝土进行干燥时，在石子／水泥浆体的界面会形成很大的应力。图 5 表明，如果骨料的表面光滑，开始就较差的黏结强度还会更显著地下降。Mather（1996 年）的这些实验有助于解释为什么用光滑的长石和石英颗粒组成的骨料难以制备出质量良好的混凝土。Nipper Christensen 在 1965 年说过：当表面光滑时，长石和水泥浆体之间的黏结力实际上为零。用石英作为骨料时，存在化学黏结作用，但笔者相信机械黏结更牢固，因为用石英时的抗冻融耐久性和用粗糙表面的骨料，如来自大峡谷的蜂窝状骨料，所得到的高耐久性是不能相比的。

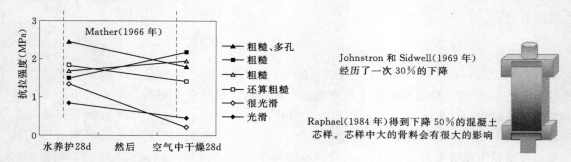

图 5　采用表面光滑的骨料时，水泥浆体-骨料
界面不良的黏结会因干燥而进一步削弱。

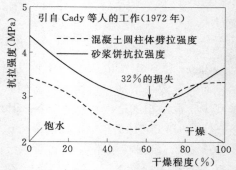

图 6　因短时间干燥出现的浅表裂缝和对缺
陷的敏感性而造成抗拉强度显著下降

5. 抗拉强度的下降

1969 年 Johnston 和 Sidwell（图 6）用断面为 100mm×100mm 的混凝土条形试件进行了拉伸试验。在实验室的空气中干燥 24h 后，已养护 28d 的试件产生了 50 个微应变的收缩，抗拉强度下降了 31%。但是在 24h 内，混凝土的干燥不可能扩展到表面以下 1.6mm 的地方。他们把这种强度损失归因于表面出现微裂缝和对缺陷的敏感性，并且认为在进行抗压试验时不会发生这种影响，因为荷载是穿过裂缝传递的。

J. M. Rapheal（1984 年）报道过一个无法解释取自大坝的芯样抗拉强度损失的疑团。在实验室混凝土和大坝混凝土之间缺乏相关性是一个普遍关注的问题，经过漫长的调查之后，发现芯样在运往实验室期间，稍许的干燥和表面裂缝造成抗拉强度下降高达 50%。

一方面，Cady 等人（1972 年）把混凝土进行不同程度的干燥，发现中等程度的干燥使抗拉强度下降 32%（图 7）。由于在接近完全干燥时试件强度恢复，Cady 把这个结果归因于湿度梯度对抗拉强度的影响。另一方面，Johnston 和 Sidwell 将其归咎于对缺陷的敏感。两种现象可能都有。Wood（1992 年）发现当混凝土小梁由于得克萨斯州的干旱而干燥时，抗折强度降低了 30%。

图 7　将混凝土含水量适中时抗拉强度下降
32% 归因为湿度梯度引起不同的拉应力

6. 干燥混凝土浸水时的膨胀

当干燥的混凝土长期饱水时，可产生远大于初始吸水时的膨胀。这种膨胀可归因于延迟钙矾石生成（Delayed Ettrngite Formation，DEF）或 ASR，但是还有由于拆散力引起的可能性。

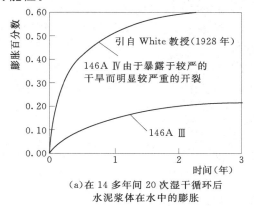

(a)在 14 多年间 20 次湿干循环后
水泥浆体在水中的膨胀

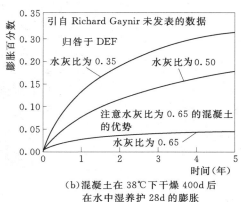

(b)混凝土在 38℃下干燥 400d 后
在水中湿养护 28d 的膨胀

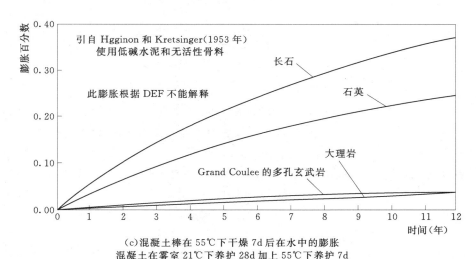

(c)混凝土棒在 55℃下干燥 7d 后在水中的膨胀
混凝土在雾室 21℃下养护 28d 加上 55℃下养护 7d

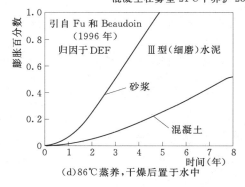

(d)86℃蒸养，干燥后置于水中

(e)107℃下干燥，加载到应力——应变比为 0.51

图 8　干燥的水泥、砂浆和混凝土接触水时膨胀，这种现象有时归因于延迟钙矾石的形成，但笔者认为可能很简单，是由于拆散力撑宽了干燥收缩所形成的微裂缝

拆散力产生于班脱土片状结构的膨胀。当水扩散进亚微观空间时，试图形成一个 3 nm 厚的吸附层。如果该空间不够大，会形成一种称为拆散力的高膨胀力。这些小的空间可以是微观收缩裂缝、水化产物层状结构的空间，或者因热膨胀系数不匹配而出现的界面裂缝（长石一个方向的热膨胀系数为 9，而另两个方向几乎为 0）。第一个认识硅酸钙层状结构的 Bernal 发现干燥凝胶层间存在 0.9～1.4nm 的空间，当水分子试图建立一个 3nm 厚的吸附层时，估计拆散力约 7MPa。图 8 给出干燥混凝土浸在水中膨胀大于预计值的 5 个实例。

图 8 的谜团是：为什么用大理石和大峡谷粗糙骨料的混凝土不膨胀？USBR 的试验表明：大峡谷蜂窝状的骨料与浆体间存在异常的浆体-石子黏结强度，存在的拆散力要让混凝土膨胀，但浆体-石子间的黏结牢固足以抵抗其作用。这是一个有趣的研究课题。

混凝土何时何地干燥

了解气候和微气候有助于认识混凝土的劣化问题。美国东经 95°地域年降雨量约为 760mm；西经 95°年降雨量约为 380mm，而炎热的夏季周期性出现干旱，雨量仅为 50mm。

T. C. Powers（1966 年）发现任何环境都不可能使成熟的水泥浆成为完整的固体，固体的最高含量为 72%，其余 28%则充满水，或者是失水后的空隙。当相对湿度低于 80%时，水化水泥浆中这 28%的水会慢慢失去。混凝土干燥比率和程度取决于其所处地理位置，以及其水分的损失是否能从地下水或者雨雪得到补充。图 9 所示地图可用于指导对干燥收缩趋势的估计。该地图得自 PCA 的 David Hadley（1968 年）的工作，他调查了干旱的堪萨斯州和内布拉斯加州地区混凝土的劣化。虽然 Hadley 相信有 ASR 的问题，但他的结论是干燥收缩有着非常大的影响。以下是他报告中的摘录：

"在调查过程中注意到在主要遭受干燥影响的那些部位劣化最显著……发生网状开裂的程度主要取决干燥的严重性和混凝土对干燥收缩的敏感性。"

"劣化……在桥栏杆处最显著。"（栏杆是桥最干燥的部位）"……大多数受影响的混凝土没有任何明显的有害膨胀"（由于 ASR）。

在 Hadley 进行调查前 26 年，Scholer（1942 年）就检测过这个区域的 314 处混凝土结构，发现有 161 处在劣化，恰好是在发生 8 年尘暴的干旱之后，这不可能是巧合。

图 9 中表明潮湿地带的混凝土在干旱期间也会干燥。1966 年，宾夕法尼亚州的哈里斯堡在温

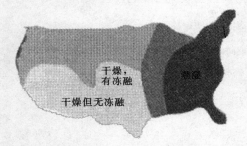

图 9　干燥程度取决于气候，干旱的严重性，混凝土是暴露在外还是有雨水的保护，以及混凝土是在地面还是在地面以上。所幸公路路面不干燥

暖的夏季有过一次干旱，只有 48mm 的雨水，而不是通常的 300mm。在此期间，该州的交通部为使交通升级，建造了 319 座桥。几年后，Carrier 和 Cady（1975 年）观察了 249 座桥面（其中 70 座因没有代表性而被剔除），发现了断裂、破碎、砂浆劣化和横向裂缝，在 33.8 km 长的桥面上发现了 5425 条横向裂缝。

Carrier 和 Cady 认为公路路面、普通桥面板和永久性（Stay - in - Place，SIP）模板的桥面板之间开裂程度的差异，也许是由于跨间刚度和挠度，或者失水程度不同所引起（图 10）。NCHRP 项目的 12 - 37 课题确认了桥面板的横向裂缝是由于收缩，而不是跨间刚度引起的。因此，笔者的结论是公路路面、普通桥面板和 SIP 模板的桥面板之间开裂程度的差异是由于干燥程度不同造成的，如图 10 所示。1966 年的干旱无疑是一种影响。

有人怀疑 1933～1940 年发生在 Scholer 区域（堪萨斯州）的严重尘暴干旱是造成 1942 年考察的混凝土破坏的原因。在干旱时期，湖水和河水干涸，农作物枯死，人们迁徙，认为混凝土会不受影响真是天真。

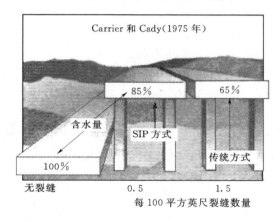

图 10　桥面板可能干燥并开裂，公路路面则除了靠近顶面外，是不干燥的

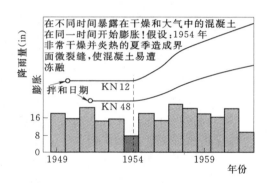

图 11　干旱对耐久性的影响

在 PCA 长期对 27 种水泥的研究中，气候有显著的影响。在伊利诺伊州的 Skokie，暴露在潮湿环境中 25 年的混凝土没有劣化，而相同水泥制备的混凝土，在科罗拉多州的青山坝比较干旱的地区，则因为高碱水泥而造成干缩裂缝。

气候影响的另一个例子示于图 11。USBR KN 的研究中（Porter 和 Harbor，1978 年），在不同时间把大量混凝土浇筑在丹佛附近的农场里，奇怪的是它们在同一时间都开始发生膨胀，估计这是由于 1954 年极其干燥的夏季造成内部开裂而后因冻融而破坏的。另一个例子是把一些 60cm×60cm 的混凝土板浇筑在一 5cm 厚的砂床上，砂床可以阻止地下水上升，观察到靠近混凝土板放置的小试件破坏得更快。显然是因试件较小而更易于干燥，导致更多的微裂缝，而更快地受冻融破坏。丹佛地区在 1954 年经历了一场严重的干旱，据 Sharon Wood（1992 年）报道，得克萨斯州的达拉斯在 1952 年有过一次 5 个月的干旱，造成混凝土抗弯强度下降了 30%（图 12）。

所幸的是美国的公路路面似乎不受干缩影响（但不总是），因为有水蒸气从地下水位向上渗滤为路面板提供水分。按 Mather 的观点，甚至当地下水位下降了 152m，也仍然

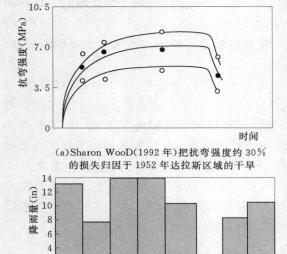

（a）Sharon WooD（1992年）把抗弯强度约30%
的损失归因于1952年达拉斯区域的干旱

（b）得克萨斯州的达拉斯地区在6～10月
温暖（干燥）月份的总降雨量

图12 干旱对混凝土抗弯强度的影响

存在这种作用。

在没有水分提供时，混凝土板的情况就完全不同了。Campbell等人（1976年）把板浇筑在砂床上，另一些浇筑在聚乙烯膜上。他们发现，无论养护方式如何，聚乙烯膜上的板都发生干燥并开裂。砂床上的板也出现了几条塑性裂缝，但大多出现晚得多，属于干缩裂缝。1963年，Tremper和Spellman将一条公路的开裂归因为干缩，但由Mather主持的公路研究局委员会的结论是：没有证据表明收缩开裂是公路混凝土的一个问题。然而路面板顶面确实会干燥，而这无疑是因为微裂缝增大了渗透性，使混凝土易受冻融影响，从而导致除冰盐引起剥落和顶部钢筋锈蚀。

看来最易受干缩影响的结构是桥面板、带顶的停车场、薄壁、护栏和室内楼板。当相对湿度（Relative Humidity，RH）小于80%时它们就会干燥。它们可能会，也可能不会因降雨补充水分（桥面板的底部和腹板断面永远不会因降雨补充水分）。

许多调查者注意到朝南的墙壁劣化得更厉害。受阳光辐射影响，它们经历的温湿度交替范围大得多。不列颠群岛上的混凝土是幸运的，那里的相对湿度很少低于80%；阿拉伯海湾地区的混凝土则经历极端的温湿度交替而易于劣化。

对因干湿开裂的混凝土观察了18年后，White（1928年）声称：我们必须找到一种保持混凝土含水量不变的方法。他认为涂刷环氧涂层是个好办法。

小结

了解当地气候和微气候的影响对解决混凝土劣化的问题很重要。期望各州运输局能够因气候条件不同而采取不同的措施。纽约州最近通过掺粉煤灰解决了一座桥面开裂的问题。笔者相信这种解决方案在干旱气候中不会生效，例如在科罗拉多或内布拉斯加州。

徐变及其70年来向零徐变发展的趋势

Gerald Pickett（1942年）说过："……在大多数条件下，如果不是因为徐变，混凝土会严重地开裂。"

如 Lee 和 Desch（1956 年）所证实，与避免尺寸稳定性的问题相关，徐变可以降低混凝土因湿度和温度变化而产生的拉应力。他们的试验中受约束的混凝土条形试件表明：水化慢的水泥通过徐变避免了临界拉应力值发展到很高（图 13）。

Neville（1959 年）确信：徐变通常与强度相反。强度越高，徐变越小。他说："凡影响强度的因素——组分、水泥细度或水化程度也影响徐变：在一定荷载下，水泥浆体强度越低，徐变能力越大。"混凝土的技术人员已成为设计强度的专家，但是当不出现裂缝也重要时，他们就必须学习如何为增大徐变而进行设计。这不难做到：与得到高早强的途径相反。对早强有好处，但增大因丧失徐变而开裂的危险因素有：

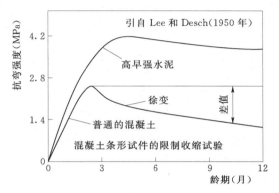

图 13　拉应力由于徐变而松弛

(1) 长期湿养护。

(2) 高的碱含量。

(3) 高的水泥细度模数。

(4) 高的 C_3A 含量。

(5) 高的 C_3S（低 C_2S）含量。

(6) 低的 C_4AF（铁铝酸四钙）含量。

(7) 高的 SO_3 含量。

(8) 低水灰比。

(9) 硅灰。

(10) 促进水化的外加剂。

大多数这些加速早期强度发展的因素都表现出对混凝土耐久性不利的影响，这不是一种巧合。如表 1 所示的大量调查显示：特殊的促进强度发展的参数都降低了混凝土的耐久性。下面将逐个进行讨论。当你注意到这些因素 70 年来的变化趋势（图 14），就不会对目前混凝土存在开裂的问题感到惊讶了。

表 1　加速强度发展的因素，这些因素都对延伸性（混凝土抗裂性）有害

因素	研究数量
长期养护	7
高含碱量	4 *
高水泥用量	8
高 C_3A 含量	7
高 C_3S 含量	3
低水灰比	15
早强	—

* 　ASR 研究除外。

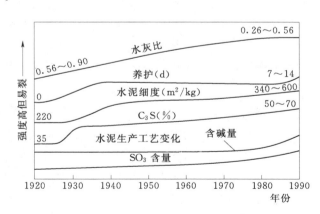

图 14　70 年来 6 个水泥参数向有利于高早强的趋势发展，但降低了延伸性（增加了对开裂的易感性）

在水泥用量上有两个正相反的趋势：以强度设计混凝土和以水灰比设计混凝土。承包商们可以通过使用快硬水泥，以较少的水泥达到指定的 7d 强度，以获取最大的利润，如

图 15 和图 16 所示。为了防止这种趋势，诸如 AASHTO 这样的机构规定了最小水泥用量和最大水灰比的限制。上述趋势都不能优化混凝土的耐久性，而对运送混凝土的预拌混凝土厂来说，则往往都有利可图。

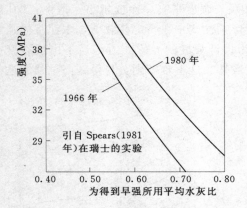

图 15 随着快硬水泥的发展，使用较少的水泥和较高的水灰比可得到给定的早期强度

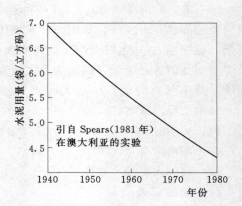

图 16 为避免在施工中使用更少的快硬水泥，规定了最小水泥用量。这是一个好方法，但在桥面板中则过头了（1 立方码＝0.7645536m³）

湿 养 护

经常错误地把桥面板的横向裂缝归咎于湿养护期太短，即养护"不足"。Krauss－Rogalla（1966 年）的研究表明，20 个州的交通部都相信，养护不足会造成桥面板开裂。以下的内容则说明：长时间的养护使混凝土更易于开裂。然而，良好的养护对降低除冰盐通过混凝土保护层的渗透性以免钢筋锈蚀是必要的。

下面引用三位专家的意见。Powers（1959 年）说过："养护不仅会因消除熟料颗粒而增大浆体的收缩，还会提高弹性模量，减小在一定应力下的徐变，其结果是延长养护期使浆体在严重的约束条件下更容易开裂"。Neville（1975 年）说："养护良好的混凝土，其徐变对收缩应力的松弛作用较小。而且，强度高的混凝土内在徐变能力就小。这些参数的变化超过了养护良好混凝土抗拉强度的增幅而导致开裂。"如果需要更多的实例来使人信服，可以看看 Mather 是怎么说的。Mather 说过：养护对强度和不透水性的发展是必要的。但是他还说："然而，混凝土中的水泥全部水化而强度变得尽可能地高时，至少会带来两个不受欢迎的后果。首先，如果没有残余的未水化水泥，则当水进入时，就不可能产生微裂缝的自愈合反应；其次，如果混凝土强度尽可能地发展，就会具有较高的弹性模量，会更脆而在较低的应变水平上开裂。应变能力降低——弹性应变和徐变应变——在许多混凝土中是不希望出现的。如果混凝土完全呈现弹性，没有徐变重分配应力的作用，不能在开裂前将部分应力从高应力区分散到低应力区，则大多数混凝土结构就会不可幸免地破坏。"

Carlson（1942 年）开发的圆环收缩试验证实了养护对徐变和开裂的影响（图 17）。此试验将砂浆（或水泥浆体、或混凝土）浇筑在一个经抛光并涂有润滑油的圆环外的圆盘里，养护后拆模，暴露在空气中（通常为 21℃和相对湿度 50%），然后量测圆环开裂的时间。Carlson 发现：湿养护时间越长，圆环由于徐变丧失而迅速开裂。USBR 的 Douglas 和 McHenry（1947 年）也重现了这个试验结果。他们的数据表明：圆环开裂的时间还受水泥含碱量影响。国家标准局的 Blaine 又对此发现作了深入的探索。

• Roy Carlson（1942 年）用他的圆环收缩试验发现，较长时间养护的砂浆圆环干燥时在较短时间开裂。

• Lewis Tuthill（1946 年）观察湿养护 14d 的隧道衬砌因干燥而龟裂，但用养护剂充分养护时则未发现此现象。

• USBR 的 Burrows（1946 年）发现，干燥混凝土经过较长时间的养护，由于内部存在微裂缝而抗冻融性较差。此数据由于有明显争议而在 1946 年未发表。微裂缝的照片不在 USBR。

• Douglas 和 McHenry（1947 年）证实了 Carlson 关于较长期养护造成早期开裂的发现。

• T. C. Powers（1959 年）说过："养护不仅由于除去熟料颗粒而增大浆体收缩的能力，还会提高弹性模量，减小给定应力下的徐变率。其结果是当有很大的约束时，延长养护使浆体更易开裂。"

• Mather（1993 年）和 McHenry（1975 年）也都涉及了长期养护降低延伸性的问题。

• Bissonette 和 Pigen（1975 年）发现开裂的指标，当湿养护时间从 1d 增加到 7d 时，拉伸徐变—收缩比降低 40%。

• Burrows（本报告）观察在青山坝的实验板因混凝土较长期的养护而趋向于严重劣化。他还发现对于水泥浆体试件，当试件干燥时，养护时间越长，开裂越严重。

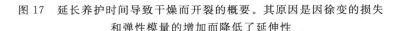

图 17　延长养护时间导致干燥而开裂的概要。其原因是因徐变的损失
和弹性模量的增加而降低了延伸性

USBR 的 Tuthill（1946 年）报道过：用湿麻袋养护的隧道衬砌在干燥期间出现龟裂，而早期使用了养护剂不受干燥影响，利用初龄混凝土的徐变作用消除了这些龟裂。

Tuthill 启动了一个评价养护时间对混凝土抗冻融性影响的项目。Burrows 用这些结果（图 18）表明：较长期养护的混凝土干燥时抗冻融性较差，是由于内部因收缩产生的微裂缝使混凝土可透水所造成的。这些结果因有争议而从未被 USBR 发表过。

1943 年，USBR 在青山坝浇筑了 104 块试验面板（下面要讨论到）。使用好水泥的混凝土经过 53 年后也没有劣化，但使用差水泥的混凝土开裂了，长时间养护的板开裂得更严重。1950 年，丹佛 PCA 的代表 Wood，一个毕业于科罗拉多矿业大学的我的老同学，建造了一幢混凝土房子，并计划把他的富拌和物楼板浸泡 14d。我让他不要这样做，但他还是做了，后来就抱怨出了裂缝。

在早期，很少注意混凝土的养护，正如 John Driscoll 在 ACI 的报告所说："我想就气候条件对水泥的影响说几句话。我在热天铺筑了人行道，它凝结得如此之快，以至晚上你就可在上面行走，就像在冷天铺筑并用湿砂覆盖 3d、缓慢硬化了 1 周的那样好。或许有些人可以解释为何造成这样的差别。但任何铺过人行道的人都清楚，它就像规范要求用水分和阳光保护的那么好。"

养护技术，例如喷雾，开始被人注意是在开始大量使用细磨水泥而造成塑性收缩开裂现象以后。由于高效减水剂和超细粉（如硅灰）的复掺，较低水灰比混凝土的应用是近年来逐渐突出的一个问题。然而，在适宜的气候里，用良好的水泥和骨料，不用超细粉，所配制的贫混凝土拌和物对养护并不敏感，湿养护对混凝土保护层的渗透性有利除外。

对于大体积混凝土，会因为水化热散失产生的温度收缩而发生开裂，在丹麦（Gotfredsen 和 Idorn，1985 年）和德国（FleIscher 和 Springenschmid，1994 年）已经开发出非常精细复杂的养护技术。德国高速公路最近铺设的一块 1.5m 厚的桥面板时，混凝土用一条不断湿润的薄毡垫覆盖 24h，通过蒸发使其冷却，然后再覆盖一条厚的隔热毯以降低温差应力。

碱的影响——青山坝的经验

在青山坝观察到两个现象：①水泥中的碱是通过与收缩有关的机理而不是碱—硅酸反应（ASR）（与膨胀有关的）机理导致混凝土劣化的，这种劣化早在 53 年前就通过约束收缩实验得到了预示；②欠养护的混凝土易裂性小。

1940 年 PCA 开始了一项对 27 种水泥进行实验室与长期现场使用效果相关性的调研。这些水泥由不同机构在美国不同地方用于混凝土。USBR 将这些水泥用于科罗拉多 Blue 河上青山坝胸墙面板的混凝土，并在丹佛实验室进行了广泛的实验室检测工作。这 27 种水泥和当地生产的"0"号水泥一起用于浇筑 104 块墙面板。该胸墙完成于 1943 年，3 年测试的结果由 Douglas 和 McHenry 于 1947 年发表。在实验室测试中使用 Carlson 的圆环收缩试验量测不同水泥的抗裂性。在圆环外一个经抛光的钢制圆盘里浇筑砂浆，湿养护不同时间，然后在 21℃、50% 的相对湿度下干燥，量测使砂浆圆环开裂所需的干燥时间和无约束条形试件的收缩值。

53 年后，笔者检验了该胸墙，发现 1943 年所进行的圆环收缩试验结果预测了今天的混凝土状况。图 18 表明：①混凝土的劣化和砂浆圆环开裂所需的干燥时间有关；②与水泥类型无关；③引气作用有轻微的害处，估计与其稍许增大干缩有关。量测自由收缩（如采用 ASTM C 157）无法预测用限制收缩试验得到的劣化结果。

示于图 18 的收缩圆环试验结果，是将砂浆圆环分别养护 1d、3d、7d、28d 和 90d 得到的。因为丧失徐变，养护期长的试件经较短时间而开裂，所以 1d 结果最能反映出不同水泥的差异。注意用 3 种最好的水泥和 3 种最差的水泥受碱含量影响而得到明显不同的结果（图 19）。

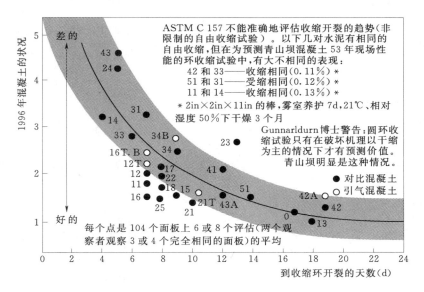

图 18　圆环收缩试验和青山坝 53 年后的混凝土之间的显著相关性

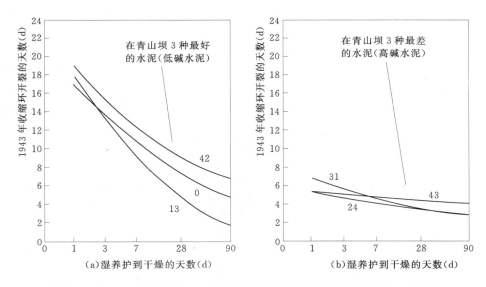

图 19　在 Douglas 和 McHenry 的数据中碱对干缩引起开裂的影响十分明显，
但由于分析者在其统计分析程序中数据组合不全而没有被注意到

　　如果圆环收缩试验能预测未来混凝土的质量，则对确定水泥抗裂性能提供了非常重要的信息。图 20 和图 21 提供了一些见解。它们表明：含碱量、C_3A 含量、水泥细度、可能还有 C_3S 含量影响劣化。最好的水泥含碱量很少，13 号水泥，从当前状况来看，应当能持续几百年。这并不奇怪，13 号水泥是水化最缓慢的 Ⅰ 型水泥，其 7d 强度最低，按照 ASTM C666 进行快速冻融试验的结果最差（由于较低的早期抗拉强度和较多可冻结水量），但是青山坝上用 13 号水泥制作的 53 年龄期的实验面板却没有受冻融影响，虽然其他的面板发生了劣化。用高碱水泥的 43 号混凝土在仅 18 个月之后就开裂了。

15

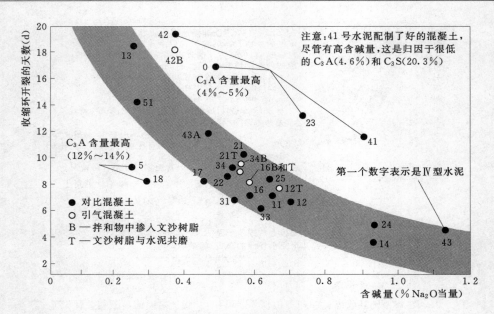

图 20 收缩环的开裂对碱 和 C_3A 含量非常敏感

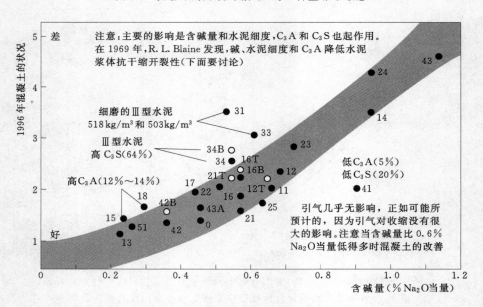

图 21 含碱量控制了两点：收缩圆环开裂天数和 53 年后混凝土的状况
注意：当含碱量远低于 0.6 ％（Na_2O 当量）时混凝土状况在继续改善

　　从这一点来看，读者会说，"哈！碱—硅酸反应（ASR）！"。对不起，错了！在浇筑
面板时曾在顶上每间隔 2.1m 埋设一黄铜插件，随后用不胀钢尺和 30 倍显微镜进行量测
（精确至 0.05mm），结果表明，经 38 个月之后，尽管出现了大量的花枝状裂缝，却并没
有膨胀发生。由于 104 块混凝土板无一膨胀，可以断定这是一种干燥收缩现象。38 个月
之后用 43 号水泥配制的混凝土裂缝开口达到 0.15mm，并伴随着剥落和碎裂。

　　再回到丹佛的实验室，用青山骨料和高碱水泥（1.42%）在21℃（大约与坝的温度相同）下密封潮湿存放了3年龄期的砂浆棒没有膨胀。然而，存放在38℃下的试件则膨胀了。这曾使Douglas和McHenry怀疑是碱—硅酸反应（ASR）造成的开裂。

　　1996年，笔者想知道1946年最后一次量测过的胸墙是否出现了膨胀，虽然没有找到不胀钢尺和过去的记录，但是当时预留的宽4.76mm的纵向胀缝被保存下来。设置胀缝是为2.74m宽的面板的膨胀留有余地。然而，53年以后，胀缝并未闭合（图22）。104块板中最差的要数43-4号，如果发生碱—硅酸反应（ASR），那么这块板下部潮湿的混凝土本来是会出现膨胀的。根据Stark的提议，对碱—硅酸反应（ASR）进行了双氧铀醋酸盐试验，结果显示没有碱—硅酸反应（ASR）。Idorn强烈要求钻取芯样进行岩相检验。这项建议向USBR提出，并在1998年完成，仍然没发现碱—硅酸反应（ASR）。

(a)采用24号水泥——高碱水泥（0.91%Na₂O当量）的混凝土出现干缩裂缝。
在墙顶部的标准计量点之间的量测表明没有发生ASR膨胀

(b)53年之后，最好的面板（左）用的是13号水泥，具有最低的含碱量（0.21%Na₂O
当量）和最低的7d强度。43号水泥（1.14%Na₂O当量）是最差的

图22　由高碱水泥造成的收缩裂缝。没有ASR或膨胀现象。同样的原因
使5%德国高速公路、墨西哥一座发电厂和两项USBR试验项目中出
现开裂。这就是有时被误断为的"水泥—骨料反应"

结论是劣化主要由水泥含碱和水泥细度引起，C_3A 起的作用较小；还可以断定劣化的机理不是碱—硅酸反应（ASR），而是干燥收缩现象。这种劣化在 PCA 试验项目的其他地方没有发生，可能是因为它们在更潮湿的环境里，使用的骨料较好、比较洁净。青山坝的骨料来自 Kremmling 的铁路运输堆场，含泥量和细度模数变异都很大，因此造成每种水泥浇筑的3～4块完全相同的实验板之间有些差异，但它掩盖不了碱和细度显著的影响。

另外，还发现，在青山坝按规定进行了湿养护的混凝土板外形不如 Cordon（1943年）所说欠养护的混凝土板好，再次证明了延长养护期只会加剧收缩开裂。

胸墙的形态示于图 23。在下游面采用了吸水性模板衬，以降低表面的水灰比，使其构造均匀。上游面采用胶合板模板，拆模后用粗麻布搭在墙板上并定期湿润。由于上游面凸出来宽 10mm 的边缘，湿麻布离开了混凝土，强劲的四月风吹进缝隙，使混凝土表面迅速干燥。Cordon 说过，承包商对这个问题没有做出反应和改进。回想起来，他们的行

在青山坝的 104 块实验面板中，28 种水泥实验了 53 年

湿麻布

风透过缝隙吹干表面

塑料排水管上方的干缩裂缝

凸缘下面的混凝土养护较差，因较大的徐变而很少开裂。此影响未以"好的"（可延伸的）水泥而受到注意

在31-1号面板中，养护得较好的混凝土裂缝较多。31号水泥是 Ⅲ 型水泥，显然易裂，而冻融破坏了因干缩而微裂的混凝土。这与 Powers（1959 年）、Neville（1975 年）和 Mather（1993）的报道相符

图 23　使用易裂的水泥如 31 号水泥，养护"较好"时
因丧失徐变和较高的弹性模量而出现严重表面开裂

动倒给我们提供了一些很有趣的数据。图 23 显示 31-1 号板的上游面和下游面，养护较好的表面严重地劣化。再一次强调指出：没有发生碱—硅酸反应（ASR）的膨胀。采用低碱水泥的 31-1 号板受损是由于水泥具有 $518m^2/kg$ 的高细度。

53 年后对 104 块板的检查表明：其中 37 块的上游面板比下游面板状况好；44 块状况相同；23 块的上游面板比下游面板差。因此养护对大多数混凝土来说并不是一个显著的压倒性因素。然而，养护对 31-1 号板的影响很明显。缺边掉角是由于脆化的水泥石受干燥影响产生严重开裂的微结构在冻融作用下破坏。脆化是因细磨的、水化迅速的 III 型水泥和长时间养护所造成。引气作用本来应该可以防止这种破坏，但它防止不了因干缩形成的初始微裂缝。

应当强调的是，养护的影响只对因其他原因（高碱和高细度）而劣化的面板是明显的。这符合 Mather 关于混凝土永远不会因单一原因而破坏的评论。通常有多种原因，而养护是我们最不担心的。

在 5 个月后第一次检查时，85% 上游面板出现龟裂细纹，离远一些就看不见，下游面板没有龟裂。这种龟裂和水泥中的 C_3A 含量相关（图 24）；18 个月后，上游面板的龟裂部分消失了，但是 7 块面板的下游面一侧出现了枝杈状的裂缝；在 38 个月后，上游面的轻微龟裂没有变化，但下游面一侧有 61 块板出现了大量的枝杈状裂缝，包括许多采用引气混凝土的面板。由于那些因 C_3A 出现的早期龟裂纹没有发展，可以推断含碱量和水泥细度更为有害。

13 号水泥（53 年后最好的混凝土）由于含碱量最低，强度增长是 12 种 I 型水泥中最慢的。形成对比的是中等含碱量但高细度的 31 号水泥，强度增长快，但用于青山坝时劣化了。有人怀疑某些"高性能混凝土"（图 25）的前景了。

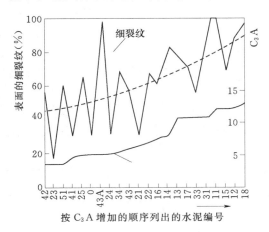

图 24　C_3A 加剧青山坝 104 块实验板的龟裂

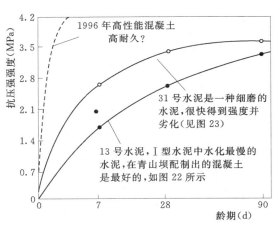

图 25　青山坝最好的混凝土是用水化最慢的 I 型水泥制作的

概括地说，在青山坝上被 Douglas 和 McHenry 错误地归咎于碱—硅酸反应（ASR）的裂缝，实际上是由于水泥含碱量高造成的收缩开裂，而且本来已经从他们自己的圆环收缩试验中预测到了这一点。具有讽刺意义的是，Douglas 和 McHenry 从未意识到他们自己的圆环收缩试验告诉了他们什么，因为他们的分析者之一不用普通的目测方法，而是将数据输入一个统计分析的程序，要不是他以数据统计的方式就无法揭示出图 20 所示含碱量与收缩的关系。在过去了 25 年后，国家标准局的 Blaine 才确认了这之间的关系。

碱和早期水化物形貌的关系

碱影响水泥浆体早期水化物的形貌，此影响可通过 1d 龄期的圆环收缩试验检测到。

根据 1d 养护龄期的砂浆圆环收缩试验预测到了青山坝 53 年后混凝土的状况，看来圆环试验"测出"了碱和其他因素对这 28 种水泥制备的混凝土收缩和延伸性的不利影响。

有人怀疑只有 1d 龄期的砂浆圆环收缩怎么能够预测混凝土 53 年以后的未来。然而，许多研究者相信，水泥凝胶的质量是由初始反应和水化水泥浆体早期形貌所决定的。这种概念早在 1929 年就形成了，当时 Thaddeus Merriman 在东京的一次会议上报告说，他进行了硅酸盐水泥水化的试验，得出了必须控制碱以保证"有序方式的水化进程"的结论。1938 年，在 Stanton 关于派克坝 ASR 报告的两年之前，Merriman（1939 年）就为纽约市水务局规定了使用一种低碱水泥（0.5％）。

那时已经确定：水泥中的碱主要是硫酸钾，其中大部分在很短的几分钟里就溶于拌和水，剩余的以固溶体形式主要存在于 C_3A 中，而溶解得较慢。Gebauer（1981 年）断定碱（K_2SO_4）影响水化硅酸钙（C_3S）的微结构。

Vivian（1981 年）曾说：高碱水泥的水化产物趋于凝胶而非晶态，干缩增大且开裂加剧。他还认为：长时间养护会增大干燥收缩的量级，干燥时凝胶保护层损伤更严重，在干-湿循环作用下，硬化浆体的体积稳定性降低。他还提及：砂浆中的微细裂缝要比水泥净浆试件中的多得多，这与 Carlson 在 1942 年的工作是一致的。

Skalny（1981 年）写道：碱增大水化阶段非常早期的反应速率，且影响反应产物的形貌。他还说：碱会影响水泥-骨料间的黏结。许多研究者已发现：碱提高混凝土的早期强度但降低后期强度。

Svendesen（1981 年）对 31 种水泥进行了研究并报道：28d 强度的变异 75％归因于可溶碱含量的变化。

Merriman（1928 年）通过从水泥中洗去可溶碱，解决了龟裂的问题。

不幸的是，如果在大量生产中找到一种实用的方法则可以这样去做，然而污水的排放又将成为一个问题。当一个水泥生产商从窑灰中滤除硫酸钾后，将这种窑灰再回收到了窑里时，就遇到了这种排放问题（许多水泥厂都是这样做的）。

Mather 曾指出：如果你不指定要求低碱水泥，那买到的就是富碱的水泥。研究者描述了碱对所观察的水化形貌的影响，但没有人想到这意味着混凝土的长期耐久性要受影响，因为他们不会在现场一直观察混凝土 10 年。

结论是：在青山坝使用的 1d 圆环收缩试验显示了早期形貌对后期延伸性的影响。Blaine、Arni、和 Evans 在 1969 年也证实了碱对延伸性有影响。他们采用的也是只养护了 1d 的试件。

碱的影响——Blaine、Arni 和 Evans 的工作（1969 年和 1971 年）

国家标准局对 199 种水泥长达 18 年的调查最重要的发现，是碱和细度、C_3A 与 C_4AF 等参数一起对水泥的抗裂性影响非常大。即使水泥的水化速率（强度）和自由收缩值相同，碱对抗裂性的影响也很明显，表明低碱水泥固有抵抗开裂的能力，而且当含碱量从 0.6 %（Na_2O 当量）进一步降低到趋向于 0 时，这种能力还会进一步提高（非常令人灰心的消息）。

1953 年，国家标准局开展了一项有纪念意义的研究，旨在了解水泥和混凝土性能之间的相互关系。该研究的计划是确定 199 种水泥的 38 个变量对 16 种混凝土性能的影响。该项目历时 18 年，撰写了 6 篇报告。数据分析不得不等待数字计算机的开发以处理这 121000 个组合。这里讨论的数据来自上述报告的第四部分和第六部分。

本书仅仅涉及一些结果。有趣的是抗裂试验采用的是 Carlson 的圆环收缩试验方法，养护 1d 的水泥净浆参照试件试验除外。这 199 种水泥收缩圆环开裂的时间从 4min 到 45h。4min 开裂的水泥磨得非常细（590m²/kg）；45h 的水泥 K_2O（氧化钾）含量很低（0.02%）。图 26 所示为含碱量对抗裂性的影响，该图根据第六部分报告绘制。第四部分的结论是 K_2O 比 Na_2O（氧化钠）对开裂的影响更大。因此，笔者分别用 $Na_2O+0.658K_2O$ 和 $K_2O+0.5Na_2O$ 两种计算碱含量方式建立碱含量与抗裂性关系。后者碱当量数据点分布在较窄的范围里，可能更接近实际情况。

特别有趣的是当含碱量远低于通常所说 0.6%（Na_2O）当量临界值时，抗裂性大幅提高。看来接近 0 的含碱量是非常想要得到的，但是不可能。在 Blaine 的水泥浆体试验中，碱增大收缩；但在相应的混凝土试验里，这种影响显然由于体内的裂缝而被完全掩盖了。39 号水泥正是这种情况，用其拌制的水泥浆收缩值高达 0.62%（1 年），大多数其他水泥仅约 0.28%；而到了混凝土里，这样大的收缩完全被掩盖了。根据 Carlson（1939 年和 1942 年）的假设，笔者将其归因为：正是混凝土在显微镜下观测到的裂缝减小了整体收缩值。

26 号水泥的抗裂性最好（45h，17mm）；而 191 号最差，仅 4min 收缩圆环就开裂了（自生收缩也包括在内）。但这两种水泥的收缩率是一样的，开裂的时间受水化速率而不是收缩率控制。4min 开裂是由于细度为 590m²/kg 的 191 号水泥水化迅速。

图 27 所示为 C_3A 的影响。正如所预计的，Ⅱ 型和 Ⅴ 型水泥的点聚集在靠近图的左

侧；Ⅰ型的靠近中间；而Ⅲ型在右侧（图中未显示）。图 28 只绘出Ⅱ型水泥 C_3A 减少的影响。奇怪的是 C_4AF 也影响开裂。

图 29 是该研究最重要的发现，也许能得出结论：水泥浆体开裂时间短可以从高碱水

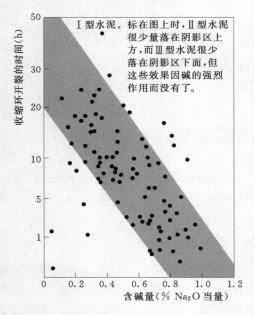

图 26　Blaine 发现碱比其他因素对延伸性的影响更大

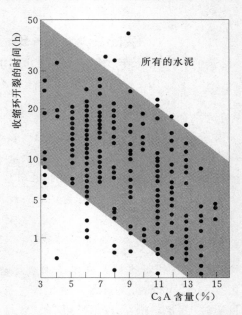

图 27　C_3A 的影响是明显的，虽然碱和其他因素造成竖向各点明显地离散

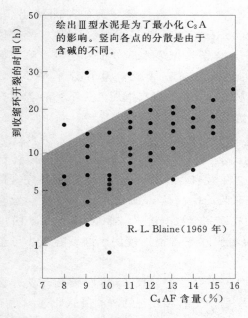

图 28　通常被认为是水泥中无用组分的 C_4AF，竟然有助于提高延伸性

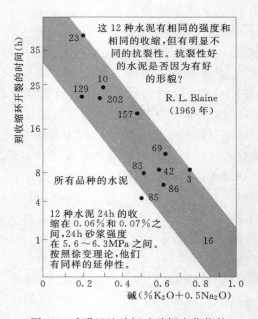

图 29　碱明显地破坏硅酸钙水化物的形貌（使"凝胶"从好的退化成差的）

泥的早期强度较高和无约束收缩较大得到解释。然而，图 29 表明，采用几乎是等强度和等收缩值的水泥，抗裂性还是存在非常大的差异。结论是：低碱水泥固有良好的抗裂能力，归因于其浆体中水化产物的形貌较好。Carlson 把这种性质叫做抗裂"延伸性"。Blaine 对抗裂性不是用收缩环开裂时间（Time of Breaking，TOB）来定义，而用无约束的条形试件在收缩环开裂时的收缩与 28d 收缩值之比的百分数来表示。可惜的是在他的报告中，从未包括现在已绘制在图 30 中的这些数据，而是用复杂的统计学术语来表示，其结果是丧失了大多数读者。图 30 所示为：当剔除掉 C_3A 含量过高或过低、细度过大或过小的水泥时，开裂与含碱量有非常好的相关性。

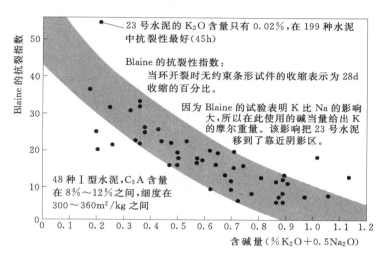

图 30　Bliane 表示碱对收缩裂缝影响的抗裂性指数

　　Blaine、Arni 和 Evans 认识到含碱量对抗裂性影响的重要性了吗？笔者认为：他们的注意力是集中在宏观裂缝，而不是微裂缝上。对纯水泥试件进行的圆环收缩试验预测的是水泥浆体内部的开裂，而不是混凝土的收缩。研究者可能失望了，因为在纯水泥试验和混凝土试验之间几乎没有相关性。但要记住 Carlson 说过：内部收缩开裂会减小整体收缩值。

　　笔者相信，国家标准局的工作没有获得应有的信任度，是因为统计学的复杂性超出了读者注意力的限度，加上水泥浆体和混凝土的收缩之间缺乏相关性，如图 31 所示的原因没有得到解释。笔者的解释是：混凝土的内部裂缝破坏了这种相关性。此外，其他一些研究者认为：对 1d 龄期水泥浆体的试验与混凝土是不相干的。最后，Coutinho（1959 年）和 Blaine 的发现相抵触。

　　值得一提的是：Blaine 在一个用混凝土铺筑的农场里浇筑了一个浴缸形的混凝土试件。这些数据是需要的，但没能得出来；因为东海岸潮湿的气候和浴缸形试件对雨水的收集，不会指望这些混凝土会因收缩而导致微裂缝。本处讨论的干缩机理不适用于从未干燥的混凝土。

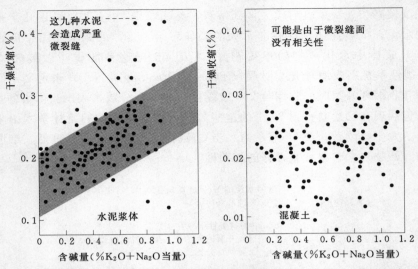

图31 Blaine表明水泥浆体和混凝土之间没有相关性的数据可能导致他的工作被忽略。他将这种相关性的缺乏归因为混凝土内部的微裂缝。Carlson在1942年曾说过：微裂缝会减小整体收缩

Blaine 圆环收缩试验的可信度

Blaine 的试验被 RILEM 漫不经心地驳回了。Blaine 的试验曾被建议纳入 RILEM 的规范，后被拒绝了，显然是由于和 Coutinho 的数据相冲突。收缩的扩散性是冲突的主要原因。

R. L. Blaine 的圆环收缩试验被建议作为 RILEM 的规范，但后来又被拒绝，显然是由于 A. S. Coutinho（1959年）的工作与 Blaine 用纯水泥浆体的发现相符（较大的裂缝与较高的强度有关），但是和混凝土的结果相反。Roy Carlson 发现富拌和物更易开裂，但在后来的系列试验中用不同的装置并未得到证实。

Kruass 和 Rogalla（1996年）的圆环收缩试验表明，低水灰比的混凝土更易开裂，但当后来此实验用于丹佛的23号大街高架铁路开裂问题时，得到了相矛盾的数据。

笔者相信，这些矛盾可用收缩扩散性来解释。收缩扩散慢的混凝土可不使环开裂，但却可发生严重而不可见的微裂缝，如图32所示。

Blaine 在水泥浆体上进行的圆环收缩试验表明了高碱、高细度和高 C_3A 水泥的早期开裂情况。由于其他研究者已独立地建立了这三者的作用，可断定 Blaine 试验对鉴别在干燥条件下具有低抗裂性的水泥是一种好的试验，而 RILEM 不明智的拒绝是由于不了解收缩播散性的影响。

还可断定，虽然砂浆比水泥浆体的收缩播散慢，但该试验仍然是正确的，因为它们预测了青山坝混凝土的未来状况以及 USBR 其他两项试验的成果。

由 Kruass、Rogalla 和 Viegrink 等人（1996年）进行的混凝土试验由于靠近干燥表

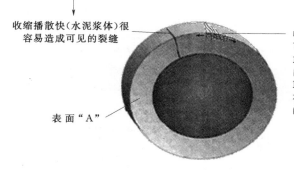

采用收缩变形播散快的材料时，所有横断面均以同样的速率收缩，而破坏是指在干燥一定时间后出现了可见裂缝，这时间是容易量测的。这是典型的 Blaine 水泥浆体试验。

采用收缩播散性缓慢的材料如混凝土时，粗骨料阻碍了失水，收缩并不通过环的开裂而是通过靠近表面的不可见微裂缝表明其存在。在一个极端的情况中，高拉伸应力从不在内表面发展，特别是密封的表面"A"阻挡了失水。这个试验不能证明一种水泥的延伸性差，因为环可以根本不开裂，但却出现了严重的不可见微裂缝。笔者相信这就是 A. S. Coutinho 进行混凝土环试验所发生过的情况，有人用他的发现去质疑 Blaine 圆环收缩试验。

收缩播散快（水泥浆体）很容易造成可见的裂缝

表面"A"

收缩播散慢（混凝土）可造成不可见微裂缝或若干难以见到的横向裂缝。Kruass 和 Rogalla 将应变计固定在约束环上量测开裂的时间

图 32　对 Blaine 圆环收缩试验可信度的评论

面不可见裂缝的形成而难以解释。此课题要求进一步研究。目前，由 Rupert Springen-schmid 开发的方法（见温度收缩）是很有希望的。它排除了圆环试验中的摩擦力问题，提供了更均匀的条件，并能够量测拉应力。

推荐评价水泥的试验方法

　　如果水泥的抗裂性是用 Blaine 的圆环收缩试验来确定，则任何水泥都可以通过与 Blaine 丰富的数据库进行对比来判定。用户可以检测他们的水泥，谁想要像 191 号水泥那样 4min 就开裂的水泥呢？

　　打算检测水泥抗裂性的研究人员，可以使用与 Blaine 同样尺寸的收缩圆环和同样的方法来做。试验方法概述于图 33。Blaine 用刷在收缩环上的彩色条纹记录开裂时间。他外加一低电压，当环开裂时，加在 6L6 格栅上的电压发生变化，电流增大使继电器断开，用 110V 电压控制的钟停止，显示的就是开裂时间。

　　现在，要用一台固态功率放大器就行了。也可用一台观测钟的定时摄像机和一个电阻仪。研究人员可参考图 26 或更详细的数据建立自己所要求的标准。建议开裂时间小于 1h 的水泥为很差；不到 4h 为可疑；而超过 15h 的为优。

　　图 26 所示的是 Blaine 用 I 型水泥的试验结果；他的 II 型水泥（平均）开裂时间稍长，而 III 型水泥则在更短的时间开裂。然而，数据分布很宽，代表不同品种水泥的点广泛交叉重叠，以至水泥类型的影响几乎看不出来。圆环收缩试验量测碱、细度、C_4AF、C_3S 和 C_3A 综合的影响，由于碱的影响过大，水泥品种的影响被完全掩盖了。

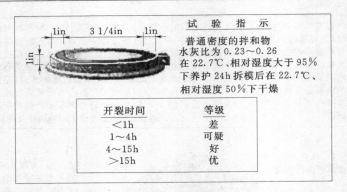

图 33　在已经收缩开裂的情况下，建议用 Blaine 方法检测候选的水泥，
并选择抗裂性最好的水泥；另一种方法是选择 7d 强度最低的水泥

其他开裂试验综述

　　受约束混凝土开裂试验已在许多国家应用，但在美国还很少。图 34 概括了不同研究者用圆环收缩试验进行的干缩试验结果。这些由圆环收缩试验得到的结果展现了由研究者们用

养护时间长短	水泥的细度
1942 年，Carlson 的环收缩试验表明延长湿养护增加干燥收缩开裂。 　　1946 年，Tuthill 通过减少养护消除了隧道衬砌的龟裂。 　　1947 年，Burrows 发现，因延长养护后干燥造成的较严重的微裂缝降低了抗冻融性。 　　1996 年，Burrows 发现青山坝面板的开裂试验在较长期养护的面板上更差。 　　三位卓越的研究者已阐述了延长养护使混凝土易于开裂。他们是 Powers（1959 年）、Neville（1975 年）和 Mather（1993 年）。	1951 年，Brewer 和 Burrows 的圆环收缩试验表明粗磨的水泥使砂浆具有较好的抗裂性。与其相当的混凝土的微裂缝很少，抗冻融性得到改善。粗磨水泥这种优越性在 USBR 其他 4 项研究中是明显的。 　　4 位其他研究者已注意到含有粗磨水泥的结构很少开裂。他们是 Jackson（1946 年）、Lea 和 Desch（1956 年）、Neville（1970 年）。其他的研究者像 Jensen 和 Skalny 发现了处于极好状况的老混凝土含有未水化的 C_3S 和 C_2S。

砂浆环的试模—内径 6in（约 152mm）、断面 17/16in（约 9.27mm²）。

硅灰
1969 年 Wiegrink、Marikunte 和 Shah 用一个改进的试验报道了硅灰增加干缩裂缝。

水泥用量和水灰比
1939 年，Carlson 在一个约束的条形试件试验中发现富拌和物更易开裂。 　　1942 年，Carlson 用一项砂浆的圆环收缩试验报道，在富拌和物和贫拌和物之间没有大的差别。 　　1996 年，Krauss 和 Rogalla 发现富拌和物更易开裂，但是对丹佛高架铁路的调研不支持这个结论。问题可能是，对于收缩传播慢的拌和物，环可能不开裂。而收缩是通过靠近外表面层的微裂缝显示出来的，正如图 22 所描述的。 　　因此，富度的影响程度不清楚，但至少有 22 位作者发现富拌和物更易开裂。如图 44 所示。

水泥含碱量
1947 年，Douglas 和 McHenry 的圆环收缩试验表明，水泥中的碱降低砂浆的抗裂性。 　　1969 年，Blaine 的圆环收缩试验表明，水泥中的碱降低水泥浆体的抗裂性。 　　1996 年 Burrows 公布了对青山坝 28 种水泥的长期实验计划，在 1943 年所做的圆环收缩试验不仅证实了 Blaine 的发现，还预报了青山实验面板的现状，开裂不是由于 ASR 而是干燥收缩。

图 34　圆环收缩试验的可靠性和适用性

其他技术所建立的同样的关系。因此断定此试验是在干燥收缩条件下延伸性的可靠的指示者。可进一步发展到量测温度收缩和自收缩条件下的延伸性。然而，对混凝土的试验比水泥浆体和砂浆较难于解释，因为混凝土的收缩播散慢可能使如图 32 圆环收缩试验中所描述的微裂缝的结果模糊不清。

Gunnar 博士综述了这个试验并警告，混凝土的劣化是很复杂的，有许多进行很长时间的破坏机理，因此这个试验主要应用于干燥收缩是主要机理的情况，例如桥面板、薄墙和在干燥环境下带顶的停车库。不适用于公路路面或其他不干燥的地上的结构。

各种方法正在用于检测温度收缩、自收缩和干燥收缩。由 Carlson（1942 年）、Paillere 等人（1988 年）、Bloom 和 Bentur（1995 年）、Krauss 和 Rogalla（1996 年）和 Wiegrink 等人（1996 年）使用的试验方法步骤示于图 35。开裂架试验最初是由德国 Springenschmid 等人开发用于研究温度收缩开裂的。其各种改型正在为以色列、法国、加拿大和日本，以及为得克萨斯州交通部的 Mary Lou Rall 所用。

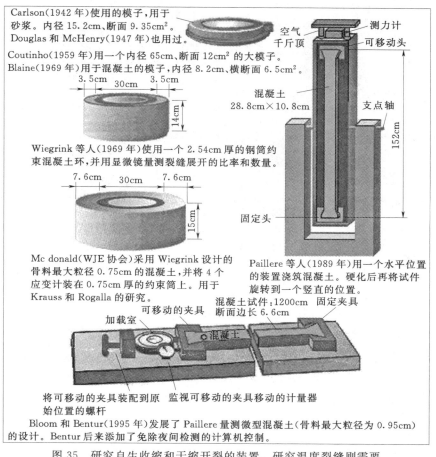

图 35　研究自生收缩和干缩开裂的装置。研究温度裂缝则需要
大些的试件来模拟水化温升（在"温度收缩"一节中讨论）❶

---

❶　原文图中尺寸为英制单位 in，译后出现小数点，可供参考。

水泥细度的影响

大约在1950年，USBR进行了有关水泥细度和微裂缝以及耐久性关系的研究，又注意到碱的强烈影响。

1946年Jackson报道：1930年以前建造的36座桥有67%外形良好；但101座1930年以后建造的桥只有27%没有劣化。他认为这种差异可能是由于后来使用细磨水泥的缘故。

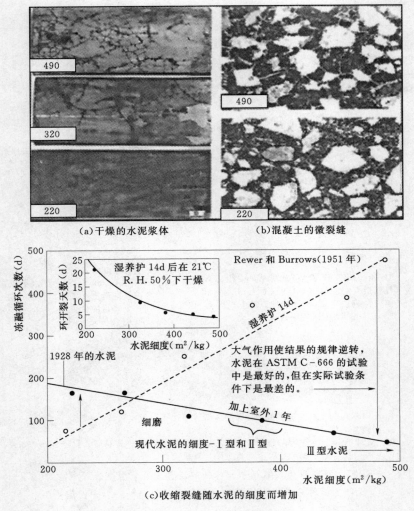

（a）干燥的水泥浆体　　　　（b）混凝土的微裂缝

（c）收缩裂缝随水泥的细度而增加

图36　在垦务局的研究中，只要不受干燥，细磨水泥配制的混凝土最好，当受到干燥时，则混凝土变得最差

水泥凝胶主要由水化 C_3S 和 C_2S 组成。当 Carlson 在他 MIT 的实验室制备纯 C_3S 和 C_2S 试样时，观察到它们通常在单纯的干燥作用下就会崩溃。Carlson 的结论是：水泥凝胶稳定的原因是未水化水泥颗粒和氢氧化钙晶体存在的稳定作用。对许多旧混凝土路面的检测表明：它们仍处于很好的状况，其中观察到仍存在未水化的水泥。

Jackson 调查 137 座桥的结果表明了早先水泥的优越；USBR 试验了 3 种细度在 200～490m²/kg 范围的不同水泥，该项研究在 1951 年由 Brewer 和笔者进行，结论是粗磨水泥：

(1) 在 Carlson 圆环收缩试验中表现出较好的抗裂性。

(2) 在科罗拉多州的丹佛暴露于大气环境中风化 1 年后抗冻融性能较好。

(3) ASTM C 666（快速冻融试验）会得出给人误导的结论。

图 36 为 3 种不同细度的纯水泥制备的试件，将其养护 14d 并在 21℃和相对湿度 50%下干燥。结果是粗磨水泥制备的试件没有开裂，这是由于有较大的徐变，未水化水泥颗粒稳定凝胶，起了阻裂剂的作用。图 36 还表明细磨水泥砂浆在圆环实验中表现很差；在显微镜下观测到了粗磨水泥和细磨水泥收缩裂缝的差异。砂浆试件分别在实验室湿养护 14d 和在丹佛遭受了 1 年风化后，粗、细水泥抗冻融性试验结果随细度的增大发生颠倒。湿养护 4d 的，冻融循环次数随比表面积增大而增加；风化 1 年后，则相反。

Mather 在 Treat 岛的试验（Brewer 和 Burrows 在 1951 年讨论）也表明：用粗磨水泥制备的混凝土较耐久。由于 Mather 批评过笔者 1951 年发表的文章，笔者请他评论本书的草稿。当时他同意了，现在可能已经后悔了，因为他已经看过了 7 篇草稿。

1954 年 Woods（PCA）发表的一篇论文中说到："现今或过去的商品水泥中，任何硅酸盐水泥熟料成分或水泥细度都不具有显著超过良好养护混凝土浸水时抗冻融性的优势。"

这是一个应当永远留在人们记忆中声名狼藉的叙述！Backstrom 和笔者用更多的试验作出了回应。示于图 37 的这些数据增加了两个变量：含碱量和满足 Powers 0.025mm 气孔间距临界值的引气。该结果表明：采用来自里帕布利肯河令人烦恼的长石骨料，引气对混凝土抗冻性的作用效果很小。用粗磨、低碱水泥时，引气混凝土经受住了 550 次冻融循环，但用细磨、高碱水泥则经受不到 100 次循环。注意：含碱量比细度的影响还大。

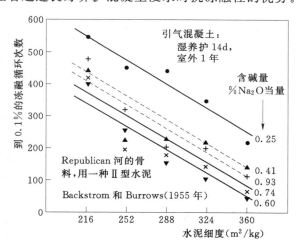

图 37 低碱、粗磨水泥最好，可能是因为受干燥和风化时开裂较少

我们赞美粗磨水泥功效的论文在混凝土技术的海洋里没有掀起哪怕是一点波纹，除了 Feltcher Thompson 有限公司以外（见附录）。他们显然相信是水泥发展策略上的错误，而 ACI 出版的《耐久混凝土指南》里的 254 篇参考文献也没有将其包括进去。人们总想避开使用强度发展不够快的水

泥时带来的不便；泌水虽然也带来不便，但可以降低水灰比而减少塑性收缩开裂。

笔者 1946～1956 年间在 USBR 工作期间，曾用 3 种水泥，每一种都磨至 220～490m²/kg 范围内的 6 种细度，经拌和、浇筑混凝土并观察其行为。所有混凝土都浇筑在一个农场里并观测了 10 年。在细磨水泥混凝土风化、龟裂与开裂的同时，粗磨水泥

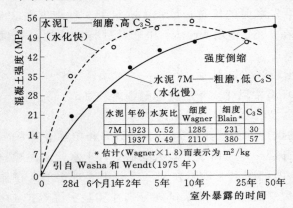

图 38　采用快硬水泥的混凝土 10 年后强度倒缩；1937 年按特快硬水泥生产的水泥 I 与现今水泥的平均水平很相似。非常有趣的是，在对爱荷华州劣化的公路路面钻取芯样的一项研究中，Lemish 和 Elwell（1996 年）也发现 10～14 年强度倒缩而得出结论：性能良好的混凝土与强度增长慢相关

（220m²/kg）对大气侵蚀的反应是无风化、不起霜，也没有龟裂或裂缝。但是，当本文为 1996 年 1 月在 TRB 会议上宣读而预审时，波特兰水泥协会研究所的前领导说：你用勃氏细度 220m²/kg 的水泥不可能配制出好混凝土，因为"它会是软乎乎的"。但这肯定代表不了 Withey 的经验。

1910 年 Withy 在威斯康辛大学开始了 50 年水泥净浆、砂浆和混凝土的试验计划，浇筑了室内和室外混凝土。分别于 1910 年、1923 年和 1937 年 3 个不同时间成型了 5000 多个试件。50 年的结果由 Washa 和 Wendt 于 1975 年发表。1923 年 Wagner 细度为 1285cm²/kg 的水泥，相当于 Blaine 细度为 231cm²/kg。配制的混凝土是软糊糊的吗？不是。图

38 表明：用 7M 水泥配制的混凝土 50 年后强度达到 52MPa；而用 I 型水泥配制的混凝土 10 年后强度就开始倒缩。有趣的是，请注意：I 型水泥在 1937 年被认为是细磨的早强水泥，它的成分和细度非常接近于当今的 I～II 型水泥。更有趣的是德国至今还有细度为 240m²/kg 的水泥；在美国，联邦标准 SS－C－1960/3 要求水泥细度高于 280m²/kg，由于水泥厂之间的竞争，平均细度远远超过该值，大约在 370m²/kg。

Lemish（1969 年）对艾奥瓦州公路路面的研究也与强度增长慢有关，他认为该路面混凝土性能良好，与强度增长得慢有关。

已经确定：很细的胶凝材料，如细磨水泥、矿渣，特别是硅灰，能显著地增加多孔的水泥浆体与骨料界面区的致密性，因此可以降低渗透性。然而，Samaha 和 Hover（1989 年）通过加压在混凝土中形成微裂缝，然后用快速氯离子渗透试验（RCPT）评估氯离子传输的速率。他们发现，当荷载提高到 75% 抗压强度时形成的黏结裂缝并未加速氯离子的传输；但是在继续增大荷载时，砂浆出现裂缝确实导致传输量增大，表明砂浆开裂比黏结裂缝降低渗透性等级更显著。这证实了 Brewer 和笔者用图 36 中受过大气侵蚀作用的粗磨水泥试验时的发现，表明粗磨水泥的混凝土比细磨水泥的混凝土抗冻融性好得多，尽管浆体-骨料界面区更加多孔（见 ACI 期刊，1951 年 12 月 p.359）。

细磨的水泥产生致密的浆体-骨料界面，而砂浆则因干缩和大气侵蚀而严重开裂。笔

者的结论是，对于抗冻融性和总体上的耐久性，砂浆不开裂比具有致密的浆体—骨料界面更重要。界面存在一些孔隙有两个好处——为与砂浆热膨胀系数有很大差异的粗骨料提供一个缓冲区域，并为碱—硅酸反应（ASR）产物膨胀提供空间。USBR 用活性骨料和高碱水泥的试验中，在水胶比较大时，碱—硅酸反应（ASR）膨胀小得多，而在水灰比为0.70 时几乎变成 0。

C_3A 的作用

多年来认为，从耐久性角度是不需要 C_3A 的，一些在混凝土耐久性方面享有盛誉的手册中都没有提到它。

C_3A 在水泥中是水化最快的成分，由于需要在水泥颗粒周围形成钙矾石包裹层而延缓凝结必须加入石膏。Blaine 的研究表明 C_3A 降低延伸性（图 27）。

1934 年 Lawton 检查了 443 个道路工程并评估混凝土的状况。他说："随着研究的进行，我们得到一个确定的结论：即维持尽可能低的 C_3A 是很必要的；而一个试验性的结论是：C_3A 增多时，C_3S 应减少。"他的结论因有争议而 5 年没发表。

1941 年 Sprague 调查了俄亥俄州 Gallipolis 坝和 Winfield 坝的开裂。他写道："Gallipolis 坝和 Winfield 坝防渗墙的表面裂缝远比坝体的要严重得多。相信首先是由于前者所用水泥的 C_3A 含量高。实验室研究表明：用 C_3S 和 C_3A 含量低的水泥配制的混凝土延伸性较大，这是因为它们比用 C_3S 组分高的水泥的类似混凝土在受拉时更能流动"。Sprague 将此问题归因于冷却时的温度收缩，因为 C_3S 和 C_3A 含量高的水泥水化时产生较大热量。Gallipolis 坝水泥的 C_3A 含量平均为 5.6%，而防渗墙用水泥的 C_3A 则平均为 11.4%。

Skramtaev 等（1963 年）报道了 9 年的混凝土现场实验表明：所用水泥中 C_3A 不超过 5%～6%，含 45%～60%C_2S，硅酸盐总量 78%～82%，没有加火山灰材料，混凝土的耐久性最好。

1972 年 Roshore 报道了在佛罗里达州的圣奥古斯丁用 48 种水泥制作的混凝土柱令人满意的抗潮汐侵蚀性。然而，用其他高 C_3A 水泥的混凝土则劣化了，劣化程度与 C_3A 的增加成比例。

在青山坝，用Ⅲ型水泥的混凝土正在劣化。两块板的 C_3A 含量为 11%，第三块 C_3S 含量高（64%）。此外，龟裂程度与 28 种水泥的 C_3A 含量也有关，但未随时间而加剧。

一个混凝土楼板的大承包商 Yttrtberg（1987 年），将 C_3A 含量与楼板的养护联系起来，他可能是混凝土发展史上第一个愿意舍弃一些早期强度的人。

USBR 对此做出了反应，其《混凝土手册》包含这样的叙述："C_3A 比等量其他组分产生的热量大得多，是造成水泥大多数不良品质的组分。C_3A 含量少的水泥表现出较小的体积变化和开裂趋势，并且抵抗硫酸盐（碱）溶液长期性能好。"

奇怪的是，ACI 的《耐久混凝土指南》没有一处关于 C_3A 问题的警示。该指南长达 18000 字，其中只有 180 字，或者说 1% 涉及水泥对耐久性的影响。显然，所有的水泥都被认为是同样地令人满意。

"当我们的混凝土坍塌时，我们希望有人去遣责"（引自 Mather）。我们可以责备 Bied，是他 1908 年在法国发现了 C_3A 的高早强性质。到了 1923 年，高早强水泥在美国受到提倡。大约同时还努力通过增加 C_3S 而得到高早强。曾任 ACI 主席的 Bates（1928 年）解释了有关这种趋势的问题，并说："这些新产品应在实验室里进行检测，因为将要用于现场"。不幸的是，正如我们现在都意识到（笔者希望如此），还没有发明一种快速试验，能真正预测混凝土 50 年的耐久性，可能除了圆环收缩试验。而这个试验只有当干燥收缩是主要的破坏机理时才适用，如青山坝的情况。

尽管有上述对 C_3A 的批评，笔者相信：高细度和高含碱量比高 C_3A 含量对混凝土更有害，如果水泥是粗磨的并且含碱量很低，并不介意使用高 C_3A 的水泥（除非在硫酸盐环境里）。Idorn 已观察到 C_3A 含量高达 19% 时混凝土仍然良好；含 8% 以上 C_3A 的水泥可与氯离子结合，减小钢筋锈蚀的危险。

C_2S（硅酸二钙）和 C_3S 的作用

C_3S 与 C_2S 比率小对耐久性有好处。

C_2S 和 C_3S 对硅酸盐水泥水化产生强度起首要作用。C_3S 在约 4 周完全水化；C_2S 完全水化要 1 年以上。

1926 年水泥制造商开始增加 C_3S 的含量，达到 30%，以获取较高的早期强度；1931 年达到约 50%；现今的 Ⅲ 型水泥中可超过 70%。Ⅳ 型水泥中 C_3S 不到 30%。Blaine 只测试了 3 种 Ⅳ 型水泥，它们的延伸性都不错（断裂时间分别为 11h、13h 和 18h）。Withey（1943 年）报道高 C_2S 水泥提供较高的后期强度。

Skramtave 等人（1963 年）在他们的 9 年现场暴露实验中，断定将 C_3S 限制在 22%～33% 对耐久性是必要的，这就是 Ⅳ 型水泥（20%～30%）。PCA 的长期研究表明 Ⅳ 型水泥是优质的。Butterfied（犹他州交通部）希望仍能用上 Ⅳ 型水泥，但他们一直用粉煤灰来替代；一种很不好的交换。

纽约交通部的 Bugler 反对用高 C_3S 水泥，因为桥面板开裂——降温时高水化热造成很大的温度收缩应力。当然，这也正是开发 Ⅳ 型水泥的原因，以减少大体积混凝土的温度裂缝。C_3S 的水化热是 397.7kJ/kg，而 C_2S 的水化热仅为 92.1 kJ/kg。

总之，当 C_3S 减少时，抗裂性所需要的徐变能力可维持较长时间，但早期强度会降低。

SO$_3$ 的 作 用

加到水泥中控制凝结时间的石膏减小徐变能力。

Alexander、Wardlaw 和 Ivanusev（1979 年）进行混凝土徐变试验发现（图 39）：当 SO$_3$ 从 3.7％减小到 1.6％，徐变增大 1 倍。如果他们的结果是正确的，那么如果现在提高 SO$_3$ 限值，数年后又将增加一个使徐变趋向零和无数裂缝的因素。

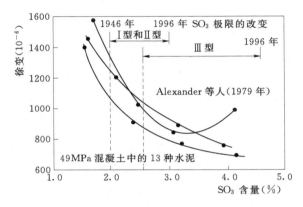

图 39　徐变和 SO$_3$ 的关系

图 39 表明 SO$_3$ 对徐变不利，很可能由此而对延伸性也不利。然而 Springenschmid 和 Breitenbucher（1990 年）发现，过量 SO$_3$ 对初始膨胀有利，从而可防止因温度收缩的开裂。这只适用于低碱水泥的情况。

水灰比和水泥用量的作用

降低水灰比制备出强度较高但易于开裂的混凝土。

多年来水灰比的变化趋势示于图 40。过去从事过大项目的研究者，如 Washa（1940 年）和 Blaine（1969 年），曾谨慎地选择在那时最具代表性的混凝土水胶比，如图 40 所示。从 1925～1965 年的 40 年间，当水胶比在 0.5 以上时，没有一例像现今桥面板开裂这样普遍的问题发生；在 1940 年左右由 USBR 提出来的碱—硅酸反应（ASR）问题，在 1930 年左右使用高水胶比时就没发现过。

Mitchell 是首先报道关于水泥用量太多产生不利影响的人。

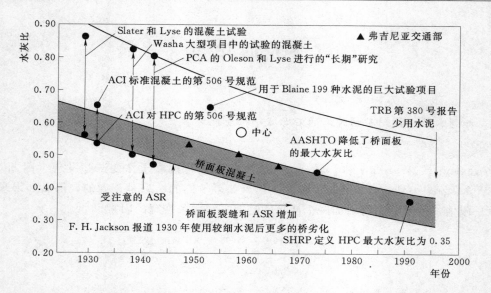

图 40　70 年来水灰比向徐变减小和温度收缩、自生收缩与干燥收缩产生的自应力增大
的方向变化。什么时候我们所用的水灰比最佳？从图上看，水灰比为 0.58 是多年来
实践的平均值。该图表明：水灰比为 0.58 对于现今的混凝土技术人员们并不算高

　　1905 年，Mitchell 在 ACI 会议上的报告中说，他用 11 美分的成本生产接线排柱，售
价 33 美分。当他想多用点水泥改进质量时，却都裂开了。

　　1928 年 White 在研究了 18 年关于干湿条件对混凝土的影响后说：富拌和物比贫拌和
物裂缝多。他得到一个引人注意的结论：必须找到一个防止混凝土水分变化的途径。他
说：贫拌和物看不到龟裂通常是由于其开裂不规则的外形和不连续，并且扩展到骨料界面
时就中断了（匀质材料对非匀质材料的断裂力学理论）。

　　Kelly（1984 年）报道：建筑师 Steilberg 曾限定某些混凝土的强度不得超过
17.5MPa，依据是他对旧金山湾区域 70 座建筑物裂缝的观察。Kelly 说："富混凝土通常
裂缝多"。这个结论其他许多人也说过，包括以色列的 Soroka（1980 年）。Newlon（1974
年）在弗吉尼亚发现：当强度要求从 21MPa 提高到 28MPa 时，桥面板的裂缝增加了。

　　Carlson 曾经认为富拌和物的变形能力较大，但过了 45 年后，1979 年他说："实际
上，水泥用量较大看似有益，其实不然。富拌和物的温升和干缩较大，超过其应变能力大
带来的益处，除非是不会暴露在干燥条件下的薄断面构件"。Paillere 等人（1989 年）可
能是首先量测出掺有高效减水剂（HRWRA）和硅灰的低水灰比混凝土自生收缩严重的
人。Emmons 和 Vaysburd（1993 年）根据他们对混凝土修补技术的研究说：对于修补材
料，通常水泥用量高是一个缺点。

　　Bloom 和 Bentur（1995 年）进行了受约束混凝土早期收缩试验，发现富拌和物开裂
得更快（图 41）。其他研究者发现富拌和物更容易产生塑性收缩裂缝。

　　Hasan 和 Ramirez（1995 年）测试了用环氧涂层钢筋时的粘接强度，发现混凝土强度
从 32.9MPa 提高到 36.8MPa 时，粘接强度比却从 0.824 降低到 0.679。

　　Schmit 和 Dawin（1995 年）报道了一项对堪萨斯桥面板的研究结果，发现 45.5MPa

的混凝土裂缝是 31.5MPa 混凝土裂缝的 3 倍。

在慕尼黑工业大学进行的温度裂缝研究，使他们对一桥面板混凝土的水泥用量限制为 $280kg/m^3$，粉煤灰用量为 $60kg/m^3$。

在 1995 年，还有一些揭示低水灰比带来不利影响的研究。Bissonnette 和 Pigeon 报道：拉伸徐变-收缩比因水灰比降低而下降。Gran 开发了一种将试件干燥测定现场混凝土水灰比的方法。他有些惊讶：水灰比减小的试件开裂加剧了。

Novokshenov（1986 年）在阿拉伯国家和埃及检测了一些混凝土结构后说："据观察，大多数当地承包商建造的建筑物，主要是别墅，根本没有开裂，或者比国际承包商建造的建筑物裂缝少得多，这可能由于当地混凝土水泥用量通常较低的缘故。"

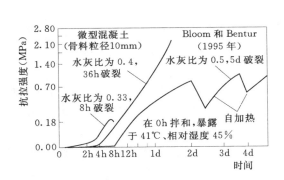

图 41　注意低水灰比混凝土的早期开裂

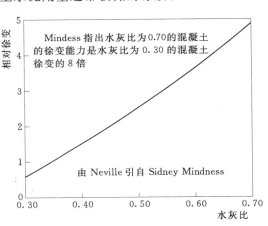

图 42　水灰比对徐变的影响

Sidney Mindess（1981 年）说，降低水灰比减小了徐变（图 42）。

NCHRP 研究桥面板的项目 12-37 课题（Krauss 和 Rogalla，1996 年）报道：在美国，115000 多座桥面出现了横向裂缝。早在 1973 年，AASHTO 曾将水灰比从 0.53 降低到 0.445，水泥用量从 6 袋增加到 6.5 袋，限定最低强度从 21MPa 提高到 31.5MPa，期望在 20 世纪 70 年代中期使桥面板开裂有所好转。Krauss 和 Rogalla 在 Carlson 试验之后，用圆环收缩试验证实了出现大量开裂的原因，他们还测量了约束环的应变。他们的结果（示于图 43）表明：一旦水泥用量增大，水灰比降低，立刻就发生开裂。他们建议：降低水泥用量，使混凝土仅达到应用必要的强度。Cannon 等人在"安全系数过大的问题"中讨论了当前如何防止此问题的对策。增大水泥用量还有另一个缺点：ASR 膨胀加剧（图 44）。

1980 年，Mather 在《混凝土国际》杂志上发表一篇题为《少用水泥》具有挑战性的论文，在文中讨论了对强度的安全系数过大带来不合理费用的影响，并描述了一座大坝施工的混凝土中水泥用量仅 $35.7kg/m^3$ 的情况，该混凝土 90d 强度为 21MPa。

Cannon、Tuthill、Shrader 和 Tatro（1992 年）在他们的论文《水泥——什么时候说什么时候的话》中，讨论了安全系数过大的问题。

他们的话是如此令人印象深刻，以至于某些段落被逐字逐句地引用（由笔者标出重点

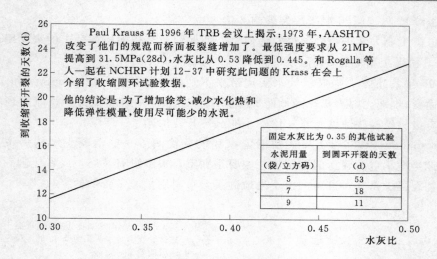

图 43 Krauss 和 Rogalla 关于 NCHRP 12‑37（桥面板开裂研究）的收缩
开裂试验结果。这些结果与 Neville‑Mindess 的原则上一致：
高水灰比提供较大的徐变和较少的裂缝

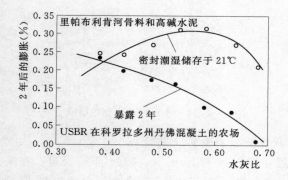

图 44 水灰比为 0.70 的混凝土室外暴露
2 年，没有显示出因 ASR 的膨胀，而快速
试验的（密封潮湿储存）试件膨胀值则超
过 0.1%，按标准不合格

并穿插评论）："应当避免工程师、承包商或供应商有时加过多的水泥，它无助于解决问题，反而会更糟"（关于裂缝）。

"选用混凝土强度的要求 f_c 是设计工程师的职责，但是如何保证将其与配合比和内部温度应力联系起来，在 ACI 的建筑规范中则没有足够的讨论。规范没有一处提到选用的配制强度要求超过实际需要时是毫无益处的。事实上，强度高未必是好事。规范只强调提高平均强度要求去符合设计强度，并限制达不到规定 f_c 的试件数量，但从不提使用过多水泥达到过高的平均强度会加剧开裂和内应力。"

"工程师们都知道：将混凝土配制强度提高 7MPa，或多加 1 袋水泥，虽然会增加相关的费用，但却为他们设计的实验室圆柱体强度提供了廉价的保险；混凝土生产商也会多加水泥来为可能的诉讼保险，并且在操作过程中易于控制。因此，在浇筑大体积混凝土结构时，在混凝土中加了实际所需两倍或更多的水泥，这并非罕见。当其发生时，无论设计者还是供应商，都不考虑这些任意的行为可能造成裂缝的增加。"

"为了实现水泥用量减少与温度应力降低，首先必须认识 f_c 对大多数混凝土并不需要在 28d 去检测强度值，应当规定什么时候是真正需要的最后期限。"（1996 年 Mather 在一座坝上允许 90d，德国的 Springenschmid 桥面板允许 56d）（见附录中 Springenschmid 的信）。

"其次，ACI 建筑规范第 4.3.2 节要求在设计强度 f'_c 上增加超量系数，所得到的平均强度 f_{cr} 在用于大体积混凝土，包括结构大体积混凝土的场合，应当谨慎地估计并减小。大坝的设计者们更熟悉温度裂缝问题，坝体的安全至关重要，而开裂对结构性能的影响又非常大，因此他们历来强调选择 f_{cr} 时，超标准设计量取值要合理，以降低水泥用量。"

"对于大断面的不透水结构，限制最大水灰比为 0.50，也会导致开裂的出现，特别是在不掺用火山灰的时候。用于大体积结构的拌和物一般采用可浇筑条件下所必需的最小需水量。在这个需水量下，满足强度和耐久性要求质量良好的拌和物最大水灰比大于 0.50 是正常的。因为如果规定最大水灰比为 0.50，又要符合规范，就必须增加水泥用量来降低水灰比，这就会使内部温峰上升，从而增大内外温差并导致温度裂缝。"

"设计者们应当认识到在高约束区域使用过高配制强度造成收缩开裂的后果和可能的危害。收缩，包括长度和体积变化，与干燥和初始硬化后内部温度的下降有关。"

"由于水泥过量和没有充分考虑温度应力的超标准设计，在梁、桩、板、墙和基础中也都频繁地出现裂缝。"

"优质混凝土不是简单的强度的事，而是包括对结构的质量有贡献的所有因素。过去我们就认识到问题不仅来自使用超强的混凝土，也来自使用强度不足的混凝土。当混凝土出现温度裂缝时，常常是承包商来承担罪责，其实设计工程师也应对采用他们编制的规范的后果负责任，他们应当充分了解遵循那些规范的后果。"

高 强 混 凝 土

高强混凝土在建造长大跨桥梁和高层建筑中可以节省投资。但现有的 75% 高强混凝土的现场应用是为了耐久性更好，而不是为了高强度（Mehta，1996 年）。做这种没有头脑的选择的人可能没有意识到两个事实：

（1）PCA 表明水胶比高达 0.79 的引气混凝土在严酷气候中暴露与冻融 25 年不受影响（Oleson 和 Verbeck，1967 年）。

（2）可用混合水泥配制出强度只有 28MPa 的低渗透性混凝土。实例之一就是 Ozildirim 的矿渣混凝土（1994 年）。

Mehta（1996 年）阐述道：长期耐久性是靠体积稳定性而不是高早期强度获得的，它意味着来自温度收缩、自收缩和干燥收缩的自应力低。Mehta 还推断使用花岗岩骨料的高强混凝土会在较低的应力水平下受界面黏结裂缝影响，出现渗透性增大的趋势。

当人们想到高强混凝土，他们实际上可能想到的是高早强混凝土。ACI 318 委员会定义高强混凝土为具有强度高于 42MPa 的混凝土。你是否知道 Withy（Washa 和 Wendt，1975 年）在 1923 年用一种粗磨的、低 C_3S 的水泥，配制了水灰比为 0.52 的高强混凝土？50 年后达到 52.5MPa，并且还在增长；而一种硬化较快的水泥在 10 年后强度则开始倒缩（图 38）。这种倒缩与 Lemish 和 Elwell（1969 年）的试验相符，他们检测了艾奥瓦州的路面，结论是强度增长慢的混凝土有较好的长期性能。1930 年浇筑于得克萨斯州公路的 $1m^3$ 使用 3～4 袋水泥的混凝土拌和物，9 年后芯样强度高于 35MPa，很接近 ACI 318 委员会对于高强混凝土的定义。

一些人相信掺用硅灰、粉煤灰和高炉矿渣对低渗透性和高抗氯离子侵入性是必要的。然而，McCarter（爱丁堡 Heriot-Watt 大学）表明：如果让这些混凝土受到 6 次缓慢的干湿循环预处理后，就并非有利（甚至有害）。他的实验表明：要解决耐久性问题，应开发更抗裂的混凝土，而不是更高强度的混凝土。这也是 Mehta（1969 年）、Valenta（1968年）和 Paulsson（1998 年）的意见（这是后面要讨论的一个实验项目的目的）。

在普通混凝土中自收缩小于 50×10^6，在高强混凝土中增大了。由 Neville（1996年）、Tazawa 和 Miyazawa（1995 年）编辑的图 58 表明：自收缩是水胶比的函数。应当记住：干燥收缩时，只是混凝土表层会受影响，而自收缩则是整体的大范围收缩。

关于 NCHRP 桥面板裂缝的研究，Krauss 和 Rogalla（1995 年）得出结论："通常，高强混凝土制作的桥面板用更易于横向开裂。这些混凝土在一定的温度变化或收缩量下产生的应力较大。最重要的是这些混凝土一般还含有较多的水泥，因而收缩较大，并在早期水化期间产生较高的温升。"（Kruass 和 Rogalla 忽略了自收缩这一重要因素，因为该论文刚好先于 Tazawa 的重要论文发表）。上述问题的实例示于"桥面板开裂"一节。

笔者奇怪为什么关于高强混凝土温度收缩和自收缩引起开裂的报道这么少。1997 年笔者曾观察到，在沿着科罗拉多州 I-70 公路一系列桥梁的修补中，承包商和质检员从一座桥走到另一座，却不知道在他们走后一个月，每一座桥都因为温度收缩和自收缩而开裂了。当作者向交通部报警时，答复是"所有的桥都开裂"。这种态度可能是有道理的，因为科罗拉多州交通部忠实地遵循联邦公路局的指南，而不会独立采取行动去解决问题。并不是所有的桥必定开裂！

除上述引证的体积变化问题外，高强混凝土对切口的敏感性较大。1976 年，Hollister 注意到 56MPa 混凝土的脆性和对切口的敏感性。1990 年 Shah 测试了预留切口、强度不同的条形试件抗折试验，结论是："抗压强度越高，混凝土的韧性就越小。"

Hansen（1998 年）证实了这个结论。他从几个州的 9 条公路上钻取了芯样。威斯康辛州的平均强度约为 63MPa、水灰比为 0.38；而加利福尼亚州的强度约 42MPa，水灰比为 0.53。威斯康辛州混凝土的劈裂抗拉强度（韧性的量测）较低，为 4.41MPa，对应加利福尼亚州的为 4.69MPa。

Gettu 等人（1998 年）对 60MPa 的硅灰混凝土有切口的梁进行了断裂试验，龄期为 4d、10d、31d 和 232d。他们的结论是：断裂韧性随龄期而下降，且脆性增大。

Mather 有两个关于切口敏感性的故事。一个是在英格兰海军实验室一个吊钩悬挂的高强薄钢板，底边上有一个小缺口，Mather 在内的几个人都看到：当用锤轻敲时，薄钢板碎裂成两片掉了下来。另一个是 Mather 从 Reese 那里听来的：一根预制混凝土梁在起吊时坠落下来，断成了 4 块，钢筋也随混凝土而断裂。

另外一些关于高强混凝土的研究引述如下：

Carrasquillo（1981 年）发现，在受干燥作用的混凝土中，微裂缝使高强混凝土的抗折强度降低 26%，而普通混凝土的则降低 14%。

Whiting（1987 年）研究了强度分别为 42MPa、56MPa 和 70MPa、由除冰盐而剥落的混凝土，发现引气的高强混凝土抗除冰盐性能不如中等强度的混凝土。这可能是由于

14d 干燥期间表面出现干缩微裂缝较多的缘故。

Marusin（1989 年）发现：进行氯盐浸泡试验时，水灰比为 0.30 的混凝土上部 1.27cm 厚处的氯离子含量与水灰比为 0.50 的混凝土的一样高（很可能还是由于 14d 干燥期间的收缩微裂缝引起）。

Paillere（1989 年，法国）使用约束混凝土开裂试验架第一个证明：掺硅灰的低水灰比混凝土会因为自收缩而开裂。

Springenschmid（1999 年，德国）得出结论：高水泥用量和低水胶比的混凝土较易因温度收缩产生开裂。

Schrage 和 Summer（1994 年，德国）报道："发现高强混凝土比传统混凝土更容易开裂，这种不利影响是由于高水泥用量、低水灰比以及添加超细粉所造成"。且"早期温度裂缝不是高强混凝土的突出问题"，而"化学（自生）收缩和随后的自干燥作用形成应力的影响，至少和温度造成的影响是相当的"。

Sellevold 等人（1994 年，挪威）说："从结果看来，低水灰比混凝土引起更显著的早期体积减缩、早期拉应力的形成以及对在表面强烈蒸发条件下产生早期开裂更强的敏感性。现场经验表明：即使很注意地避免蒸发，仍然会出现开裂。我们相信：化学收缩和随后的自干燥作用对高性能混凝土的开裂敏感性起着主要的作用。"

Tazawa 等人（1994 年，日本）量测到掺 10% 的硅灰、水灰比为 0.20 的混凝土自生收缩值达 700×10^{-6}。这甚至比普通混凝土的干燥收缩还大。

Bloom 和 Bentur（1995 年）发现：水灰比为 0.33 的混凝土 5d 龄期时，因自生收缩产生的拉应力为 2.49MPa，几乎超过其抗拉强度。

Tazawa（1995 年，日本）观察到低水灰比的水泥浆体即使在水下也发生自生收缩，抗折强度仍然降低。

Krauss 和 Rogalla（1996 年）用圆环收缩试验表明：水灰比为 0.30 的混凝土在 11d 开裂，而水灰比为 0.50 的普通混凝土则 23d 后才开裂。

Wiegrink 等人（1996 年）也用圆环收缩试验表明：硅灰会加剧开裂，尽管抗压强度提高。这归因于较高的弹性模量和徐变减小（他们还不了解自生收缩的影响）。

Detwiler（1997 年）报道：在一路段水灰比为 0.31 的混凝土罩面上，出现了间隔为 0.91～1.22m 的横向裂缝。这令人啼笑皆非，因为该罩面原是为防氯盐的。

Springenschmid（1997 年）通过对早期抗压强度设置上限，消除了新德国铁路隧道的开裂。

Fu 和 Chung（1997 年）发现在钢筋拔出试验中，当养护期从 1d 延长到 28d 时，黏结强度下降了。1998 年他们又发现：当水灰比从 0.45 提高到 0.60 时，黏结强度实际上增长了。

Paulsson 和 Silfwerbrand（1998 年）得出结论：为尽量减小氯化物的侵入，应将重点放到开发抗裂的混凝土上，因为把水灰比降低到 0.30 时，混凝土太容易开裂了。

Matta（1998 年）议论到阿拉伯国家的混凝土施工时说：选择高强混凝土常常是出于耐久性的目的，但问题在于高强混凝土脆性更大，内部产生更多的热量，并且徐变减小，这意味着更多的裂缝。

Idorn 在 1998 年 2 月 10 日写给 Mather 的信中说到："最近 Taylor 提及：似乎将普通硅酸盐水泥磨得非常细、制备有竞争力的、早强并且高强的混凝土要成为一场比赛（不只在美国），而没有注意养护期间温度会相应升高。怎么能只是泛泛地一味提倡高性能混凝土，而对这种条件下会导致温度裂缝不提出真诚的警告呢？"

除了高强混凝土的易裂性（没有预应力时），Mehta（1994 年）描述了关于高强混凝土像神经分裂症患者的特征。由于坍落度损失、引气作用和絮凝性质等问题，使其变得复杂化。正如 Carrasquillo 提出："我丝毫不反对硅灰，但现在已经足够复杂了。"

1928 年国家标准局的 Bates 针对快硬水泥警告我们："不幸的是这些新型水泥的制造者看不到除强度以外的任何重要数据的价值，特别是当已经如此令人满意地确立了'强度不是混凝土中普通水泥耐久性准则'的时候"。这种信念现已不再流行。当建设速度的需要支配我们的选择时，它就不再是一种信念（斜体字为笔者所用）。

尽管存在上述一系列问题，高强混凝土还是有利于节省投资的。Mather 写道："如果能够摆脱问题而又获利，我是特高强混凝土的支持者。我知道一些实例：①在高层建筑的柱子里用 133MPa 混凝土浇筑，可使柱子较细而获得更大的楼盘空间供出租；②在需要从几百英里外运输耐磨骨料的场所，用浇筑 105MPa 混凝土修补匹兹堡附近一水坝已磨损的部位而降低了费用；③得克萨斯州的交通部将高强混凝土用于预制桥梁构件而省钱；④我们正在为地下军事工程结构开发高强混凝土，费用会比非高强的低。"

高 性 能 混 凝 土

作为 FHWA 研究负责人的 Pasko 工作了 6 年，力图改变现状去制止"美国基础设施的毁坏"而未能成功。他终于下定决心，以高性能混凝土项目作为一种启动滚雪球的小卵石。因此 FHWA 鼓励各个州开展高性能混凝土示范桥工程施工，并在《Public Road》杂志上发表成果。

Goodspeed、Vanikar 和 Cook 在 1996 年开发并介绍了获得高性能混凝土的方法，按照他们的指南去做绝对会因温度收缩、自生收缩和干燥收缩产生的自应力而严重开裂。

他们写道："最近进行的一项研究评估了芝加哥地区强度为 70～140MPa 商品混凝土的特性，该研究证实由于强度提高可以显著改善混凝土的耐久性"。参照的是 PCA《研究与发展通讯》RD 104 T 上发表的 Burg 和 Ost 进行的工作。

这种结论往往造成严重的后果，当研究者进行标准渗透性和冻融试验时都会因没有模拟自然环境而开裂得一塌糊涂，正像 Bates 在 1928 年向我们提出的警告。

笔者被该结论所激怒，以至要通过表 2 和表 3 中所示 60 个强度高的混凝土易裂性的实例进行反驳。

很显然，作者们——Burg 和 Ost 进行的是无约束混凝土开裂实验，一个相当严重的疏忽。因为开裂正是桥面板和停车场最突出的问题。高性能混凝土开裂的一个实例是得克萨斯州的 Louetta 桥。

Goodspeed 等人在涉及战略公路研究计划（SHRP）的论文中，将高性能混凝土定义为一种水灰比为 0.35、早强非常高的混凝土。这造成了高性能混凝土就是高强混凝土的印象（这显然是该作者们所相信的）。现在，Ralls 等人正致力于将这两个术语区分开，但这件事正变得非常困难，因为大多数关于高性能混凝土的论文实际上是关于高强混凝土的。

Russel 写文章抱怨在采用高性能混凝土时的"障碍"。看来还得感谢这些"障碍"了！

Mehta 写道：混凝土的开裂只有通过控制其延伸性来控制。这正是本专题文献所述。

高性能混凝土项目的方法论是要选择需要提高的混凝土性能，建议把可延伸性加到需要考虑提高的性能行列中（为什么它被忽视了呢？），则混凝土需要提高的性能为：

易于浇筑和捣实而不离析；

长期力学性质；

早期强度；

韧性；

体积稳定性；

在严酷环境中的寿命长；

可延伸性。

重要的条件：如果预应力足以防止因温度收缩、自生收缩和干燥收缩所形成的很高的拉应力，高性能（高强）混凝土可安全地用于预应力梁。然而要记住预应力只在一个方向有效。

表 2   **自生收缩和干燥收缩对总收缩的贡献**

结构	A	D	E	B	H	F	I	C	G
水泥用量（kg/m³）	633	556	542	531	495	456	460	488	465
水胶比	0.22	0.25	0.25	0.27	0.29	0.30	0.30	0.31	0.38
自生收缩（%）	80	67	67	63	55	52	52	50	36
干燥收缩（%）	20	33	33	37	45	48	48	50	64

注   自生收缩的最小值在水灰比约为 0.53 时，自生收缩值会由于胶凝材料中细颗粒的增多而增大，例如 Ⅱ 型水泥、硅灰和高炉矿渣。

水灰比对碱—硅酸反应（ASR）的影响

碱—硅酸反应（ASR）一般在较低的水胶比下加剧。可能这就是在 1940 年以前使用较高水胶比时没有注意到它的原因。

Harboe（1961 年）发现：较低的水灰比会显著加剧碱—硅酸反应（ASR）。

图 44 表明：在垦务局的 KN 研究中，水灰比较高的混凝土发生的碱—硅酸反应（ASR）膨胀小得多（Harboe，1961 年）。注意：在现场水灰比为 0.68 的混凝土没有劣化，但密封湿养护的试验则不合格。显然，来自碱—硅酸反应（ASR）的膨胀力被就地

消纳在多孔的微结构中，而没有膨胀或开裂发生。实验室的 ASR 试验和现场混凝土之间缺乏相关性是一个延续了很长时间的问题，造成研究者们采用更严酷，而很可能误导的 ASR 试验，导致花岗岩甚至都被列在黑名单之中。

低强混凝土的实例

    表 3 概述了 60 个低强度混凝土的实例。看过这个表后，就不会再说"强度高的混凝土就是耐久的混凝土"了。

表 3   60 个为低强混凝土争辩的证据

争辩者	发现
John Mitchell（1905 年）	制作混凝土围墙柱时，本想多加点水泥以改善耐久性，却都开裂了
R. L. Humphrey（1905 年）	曾说：在把木头胶合在一起时，如果用胶太多，会得不到好结果。混凝土也如此——不能用太多的水泥
Albert Moyer（1906 年）	发现富拌和物更容易产生龟裂
White（1928 年）	进行了 18 年干湿实验后，得出富拌和物比贫拌和物开裂更多的结论
Arthur R. Lord（1927 年）	"我不认为添加如此大量的水泥能对混凝土的收缩没有严重的影响"
Edward Harboe（1961 年）	在堪萨斯州的内布兰斯卡的调研显示，USBR 通过增大水灰比和减少水泥用量消除 ASR 的膨胀
Jacob Fild（1964 年）	在很有意义的混凝土破坏研究中，没有发现一个因水泥用量太少而造成破坏的实例
Lenish 和 Elwell（1969 年）	在对衣阿华公路劣化进行研究后认为：强度增长得慢的混凝土关系到良好的性能
Dhir 等人（1973 年）	高水灰比拌和物有自愈能力
Howard Newdon（1974 年）	弗吉尼亚的桥面板在强度从 21MPa 提高到 28MPa 后横向裂缝增加
Washa 和 Wendt（1975 年）	50 年的实验表明：采用高细度、高 C_3S 水泥时，最快 10 年后就出现强度倒缩；水化慢的水泥强度则继续增长
Lewis Tuthill（1976 年）	"为得到高强而自豪是一场愚蠢的游戏——那意味着较高的模量、较小的徐变以及低应变能力和抗裂性"
Roy Carlson（1979 年）	由于富拌和物较大的温升和干缩，看不到较高水泥用量的好处
R. Malinovski（1979 年）	1 英里长、没有施工缝的罗马输水渠没有收缩裂缝。该石灰混凝土的强度为 7～14MPa
Bryant Mather（1980 年）	在《混凝土国际》杂志发表了一篇挑战性的论文《少用水泥》，赞扬贫混凝土的价格优势
Soroka（1980 年）	推荐可避免收缩裂缝的贫混凝土
Carrasquillo 等人（1981 年）	干燥混凝土中的微裂缝使高强混凝土的抗弯强度降低 26%，但在普通混凝土中只降低 14%
Walter Steilberg（1984 年）	基于他自己对旧金山地区 70 幢建筑物的仔细观察，规定混凝土强度应不超过 17MPa

争辩者	发　　现
Rasheeduzzafar（1984 年）	在侵蚀性环境中（温湿度波动大），强度在混凝土设计中不是第一位的参数
V. Novokshchenov（1986 年）	由于用低水泥用量的混凝土浇注施工，阿拉伯当地承包商建造的建筑物较少开裂
S. Marusin（1989 年）	受干燥影响，水灰比为 0.30 的混凝土最上面 1cm 多厚的顶层含氯量和水灰比为 0.50 混凝土的一样高（很可能是由于微裂缝所引起）
D. Whiting（1989 年）	引气的高强混凝土比中等强度混凝土的抗除冰盐性能差
Paillere 等人（1989 年）	发现含硅灰和高效减水剂、强度很高的低水灰比混凝土因自生收缩而产生开裂
Schrader（1992 年）	在一座电厂，因对早强低（C_3S 含量少）的问题反应过于强烈，使质量检查员多加了水泥而造成开裂
Cannon 等人（1992 年）	在《水泥——什么时候说什么时候的话》一文中说道："从来我们就承认使用超过强度的混凝土会发生问题"
Emmons 等人（1993 年）	在修补时，高水泥用量的修补材料一般是有缺点的
Tazawa 等人（1994 年）	在水灰比为 0.20、含 10% 硅灰的混凝土中量测出 700 微应变的自生收缩
Suzuki 等人（1994 年）	在 27 座日本碾压混凝土坝中通过减少水泥用量而避免了开裂
Kompen（1994 年）	在挪威，桥面板混凝土的水灰比降低到 0.4 以后，开裂问题增加了
Schrage/Summer（1994 年）	使用"慕尼黑"开裂架证实高性能混凝土较容易因温度和干燥收缩开裂
Sellevold 等人（1994 年）	在挪威，新浇的高性能混凝土就会开裂，有时还正在喷雾养护也会出现
Springenschmid（1994）	高水泥用量和低水灰比的混凝土更易于因温度收缩而开裂
Suzuki 等人（1994 年）	碾压混凝土坝的开裂是靠减少水泥用量来消除的
Breitenbucher（1994）	高水泥用量和高强度导致温度收缩裂缝较多
Tazawa/Miyazawa（1994 年）	在水灰比为 0.40、掺硅灰的水泥浆体中，量测到 100d 的自生收缩为 100 微应变
Hans Gran（1995）	用现场检测水灰比的方法将试件干燥，发现低水灰比试件开裂更多
Richard Gaynor（1995 年）	当把干燥的混凝土存放在水中时，水灰比为 0.35 的混凝土比 0.65 的混凝土膨胀大 6 倍，可能是由于拆散力造成的
Kronlof 等人（1995 年）	断定高强混凝土较易于产生塑性收缩开裂
Bissonnette 等人（1995 年）	报道：拉伸徐变-收缩比因水灰比的降低而降低，使混凝土较易于开裂
Bloom 和 bentur（1995 年）	在早龄期检测混凝土，发现低水灰比混凝土较易开裂得多
Schmit/Darwen（1995 年）	在 29 座堪萨斯州的桥梁研究中，45MPa 的混凝土比 31MPa 的混凝土裂缝多 3 倍
Hasan/Ramirez（1995 年）	抗压强度从 37MPa 降低到 33MPa，环氧涂层钢筋粘接强度比从 0.68 提高到 0.82

争辩者	发现
McDonald 等人（1995 年）	许多交通部相信：335kg/m³ 水泥比较大水泥用量混凝土的开裂机会小
Sttreeter（1996 年）	纽约的交通部减少水泥和硅灰用量以减少裂缝
Miyazawa 等人（1996 年）	近年研究证实：高强混凝土的自生收缩显著，控制裂缝时应当考虑
Tazawa 等人（1995 年）	观察低水灰比水泥浆体的自生收缩，即使浸在水里，抗弯强度也降低
Krauss 和 Rogalla（1996 年）	AASHTO 把强度从 21MPa 提高到 31MPa 后，桥面板裂缝增加。他们推荐尽可能最低的水泥用量
Wiegrink 等人（1996 年）	报道说：硅灰由于收缩而增加裂缝，尽管强度显著地提高了
Ralls（1997 年）	Louetta 高性能混凝土示范桥高强的桥面板比低强的开裂多。得克萨斯州交通部正在用改进的 TC 119 实验方法对此进行研究
Detwiler 等人（1997 年）	对于掺和不掺硅灰的、水灰比为 0.31～0.32 的混凝土桥面板罩面，掺硅灰的出现间距为 0.90～1.2m 分层的横向裂缝
Khan 等人（1997）	高强混凝土有较大的收缩和温度应变
Fu 和 Chung（1997 年）	发现钢筋和混凝土间的粘接强度随水灰比从 0.45 增大到 0.60 而提高
Springenschmid（1997）（本书）	新德国铁路隧道通过降低水泥用量而限制早期强度最大值，消除了裂缝（见附录）
Burrows（1998 年）（本书）	53 年后发现：青山坝最好的混凝土用的是 12 种 Ⅰ 型水泥中 7d 强度最低的 13 号（见图 23）
Burrows（1998 年）（本书）	丹佛高架桥的桥面板发生间隔为 90cm 的横向裂缝。水灰比为 0.31 的混凝土强度是所需强度的 2 倍
Burrows（1998 年）（本书）	丹佛附近一座 56MPa 桥面板混凝土在 25d 由于自生收缩、温度收缩和后来的干燥收缩而开裂
Burrows（1998 年）（本书）	在 Ⅰ-25 高性能混凝土示范桥和 Yale 大街（丹佛）发生早期裂缝（桥面板、栏杆和一根梁）
Fu 和 Chung（1998 年）	当养护期从 1d 延长到 28d，钢筋拔出实验时粘接强度下降，证实了以往的实验结果
Paulsson 等人（1998 年）	为尽量减少氯盐的侵入，应着重发展抗裂混凝土，而不是低水灰比混凝土，降低水灰比使混凝土更易开裂
Matta（1998 年）	高强混凝土更脆，产生更大的热量，而具有较低的徐变，引起更多裂缝（阿拉伯的经验）

贫混凝土耐久吗

PCA 的贫混凝土试验表明：引气可保持 25 年优异的抗冻融性。但这个发现没有被凸显出来。

1930 年在得克萨斯州修筑的水胶比约为 0.7 的公路，给公路局的 Jackson（1941）留下深刻的印象。他给了得克萨斯州一份弃权证书，以便他们获得联邦基金。那是他到得克萨斯州去检查了他们的公路之后做出的决定。表 4 所示为钻芯取样得到的强度值。

表 4		钻芯取样所得强度值	
水泥用量	所在的专区	强度（MPa）	
		工作完成时	9 年
2 袋	Nueces	12.46	24.85
3.6 袋	Nueces	30.15	36.86
2.8～3.2 袋	Camerom	23.39	36.68
4 袋	Potter	33.00	39.97

因得克萨斯州不大受冻融影响，这些混凝土没有引气。引气贫混凝土的抗冻融性能是由 PCA 对 27 种水泥进行的长期研究确定的。1967 年，Oleson 和 Verbeck 发表了该数据，示于图 45。6 种水泥用于两种不同骨料的引气混凝土中，其中之一缺少记录。该混凝土浇筑在芝加哥附近一实验场 25 年。部分拌和物用 4 袋水泥、坍落度为 203mm，水胶比在 0.66～0.79 之间。25 年后检查这些混凝土，还都很不错。说明贫混凝土只要适当地引气，就能具备优异的抗冻融性能。它表明：倘若桥面板不处于使用除冰盐的情况下，则水灰比可以从 0.45 回到 1973 年以前的 0.53，以便显著减少横向裂缝。

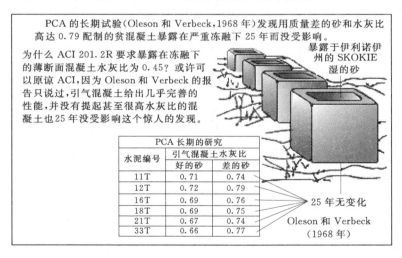

PCA 的长期试验(Oleson 和 Verbeck，1968 年)发现用质量差的砂和水灰比高达 0.79 配制的贫混凝土暴露在严重冻融下 25 年而没受影响。

为什么 ACI 201.2R 要求暴露在冻融下的薄断面混凝土水灰比为 0.45？或许可以原谅 ACI，因为 Oleson 和 Verbeck 的报告只说过，引气混凝土给出几乎完善的性能，并没有提起甚至很高水灰比的混凝土也 25 年没受影响这个惊人的发现。

暴露于伊利诺伊州的 SKOKIE 湿的砂

PCA 长期的研究		
水泥编号	引气混凝土水灰比	
	好的砂	差的砂
11T	0.71	0.74
12T	0.72	0.79
16T	0.69	0.76
18T	0.69	0.75
21T	0.67	0.74
33T	0.66	0.77

25 年无变化

Oleson 和 Verbeck
（1968 年）

图 45　水胶比为 0.79 的非常贫的混凝土冻融 25 年而未受影响

另一方面，贫混凝土初始的氯盐渗透性较大。解决这种两难局面的试验计划在后面的一节里介绍，称为建议试验计划。

早 强 剂

> 早强剂使徐变能力减小。

1906 年冬季，面临水化缓慢的水泥浇筑混凝土的问题，Stanley 添加了占用水量 15％的盐。以后，氯化钙成为加速水化选用的化学品，直到 40 年后才发现它有害。如果要保持徐变能力并减少开裂，早强剂是不合适的。

缓 凝 剂

延缓水化速率，减慢强度和弹性模量的发展并维持徐变能力，可以减少自身应力产生的裂缝。这由 Folliard 和 Berke（1997 年）所实现，他们添加一种丙二醇衍生物的混合物，通过圆环收缩试验表明裂缝减少了。若不是发生了一种神秘的现象——自由收缩明显降低，笔者原以为他们的成功仅仅是因为延缓水化的作用。该现象表明另外的因素在起作用。

建议开展一项研究来证实：整体收缩减小不能通过促进内部微裂缝来达到（Carlson，1942 年）。笔者希望通过直接抨击易开裂水泥的问题，而不是试图通过使用一种外加剂来解决开裂。笔者怀疑 Folliar 和 Berke 外加剂能克服坏水泥——即集高碱、高细度和高 C_3S 于一身的水泥的易裂性。笔者建议他们用所探索的方法尝试对一些易开裂水泥的效果，并用新的 RILEM TC 119 试验方法去研究温度收缩开裂。如果这种方法成功了，那么采用低裂水泥加上丙二醇外加剂这双重武器，自身应力开裂问题就有解决办法了。

骨料对收缩的影响

> 混凝土的干燥收缩和徐变都受骨料影响。

Carlson（1938 年）首次确定混凝土的收缩与骨料的吸水性有关，如表 5 所示。

Hveem 和 Tremper（Tremper 和 Spellman，1963 年）也发现在砂子的吸水性和砂浆收缩之间高度相关，然而膨胀页岩和微孔玄武岩例外。

Roger（Tremper 和 Spellman，1963 年）调查了表面质量差的南非骨料，发现在干燥时它们会吸水。他注意到美国的一些骨料尺寸不稳定也到了一种严重的程度。

表 5		混凝土的收缩与骨料的吸水性的关系
骨料	吸水率（%）	1 年的收缩
砂岩	5.0	0.12
板岩	1.2	0.07
花岗岩	0.5	0.05
石灰石	0.2	0.04
石英岩	0.3	0.03

加利福尼亚公路部门（Hveem，1963 年；Stewart，1965 年）建造了 Webber Creek 桥以研究桥面板开裂。浇筑 2 年后，用 Pleasanton 骨料配制的混凝土出现 50 条可渗漏的裂缝；而用 Bear 河骨料的为 15 条。用 76mm×76mm×279mm 的试件进行测试，Pleasanton 骨料混凝土 56d 龄期的干缩是 Bear 河骨料混凝土的 2 倍，分别为 0.085% 与 0.040%。这与两种骨料的吸水率有关，其分别是 1.2% 和 0.6%（砂和砾石平均）。

对加利福尼亚州（Tremper 和 Spellman，1963 年）的 30 种骨料进行了试验，发现多孔的、可压缩的骨料会使混凝土的干缩加倍。于是考虑规定不得使用增大混凝土收缩的骨料，但由于运费上的问题而没有执行，改为规定用 Calif 第 527 号的试验方法检测时，砂浆收缩不超过 0.048% 的要求。

有意思的是通常认为混凝土用水量是控制收缩的重要因素，然而 Tremper 和 Spellman 报道说：多孔骨料可使收缩增大 100%；而坍落度从 89mm 变化到 165mm 只增大收缩 10%。

Carlson（1979 年）出示了经修正的数据，指出不要太拘泥于上面的数值，因为同一岩种的变异会很大（这已由 Alexander 的工作引人注目地表明）。

混凝土由于骨料引起收缩上的差异大约在 2 倍左右，如表 6 所示。

Purvis 在 1996 年 TRB 的会议上介绍了对一座桥面板开裂研究的结果。宾夕法尼亚州近 20 年来桥面板早期开裂的加剧受到关注（NCHRP 的研究将其归因为 AASHTO 在 1973 年提高了强度要求）。Purvis 推断：开裂是由于干燥收缩，骨料的孔隙率是主要因素，这是 Carlson 于 1938 年首先发现的，具体数据见表 7。

表 6 **骨料品种对混凝土干燥收缩的影响**

骨料	1 年龄期收缩率（%）	骨料	1 年龄期收缩率（%）
砂岩	0.097	石灰石	0.050
玄武岩	0.068	石英岩	0.040
花岗岩	0.063		

表 7 **骨料的孔隙率对混凝土干燥收缩的影响**

骨料吸水率（%）	4 个月干缩率（%）	骨料吸水率（%）	4 个月干缩率（%）
0.38	0.042	1.75	0.092
1.3	0.070	1.85	0.101

虽然所有的责备都对着骨料，但 NCHRP 桥面板研究推荐的低水泥用量也许能避免宾州的问题，因为低强的浆体不会对骨料产生多大压力。混凝土徐变越大，模量越低。

Purvis 推荐用候选骨料进行混凝土实验，如果其收缩超过 0.050％～0.070％（他没有确定数值）则予以剔除。如前所述，加利福尼亚州考虑过并在 1963 年否决了这项建议。

这项建议提醒笔者关于 Meissner 的评论（1942 年）："自然界给我们提供了这些骨料，而我们不应当简单地挑剔，因为人工制品和它们不一致。当鞋子紧时，我们不能削足适履，而是寻找适当的搭配；看来，同样的办法对解决在讨论中的问题也是合理的。"

Meissner 劝告要深入实际，建议将那些棘手的骨料用于徐变能力和延伸性最大的混凝土中。因此采用高延伸性的水泥和降低混凝土的强度，是能够使用吸水的、高收缩的骨料的措施。

在最近的进展中，Alexander（1996 年）检测了 23 种骨料而再次发现：使用最差骨料时的收缩约为用最好骨料收缩的 2 倍。Alexander 还检测了用 23 种骨料混凝土的压缩徐变（图 46）。假定徐变现象在受压和受拉时是相等的，看来由于干燥收缩而开裂在使用徐变-收缩比最大的骨料，例如辉绿岩（LB）时最有利。

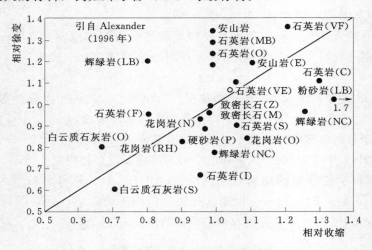

图 46　同一品种骨料对干缩和徐变的影响有很大差异

有趣的是推测：徐变—收缩比为 1.2/0.8（或 1.5）的辉绿岩（LB）抗裂性是否是该比值为 0.95/1.26（或 0.75）的辉绿岩（NC）抗裂性的 2 倍。

热膨胀系数很小或各向异性的骨料，如长石，一直是有疑问的。但是 Higginson 和 Kretsinger（1953 年）的工作表明：干湿交替远比与冷热循环对混凝土的损伤大得多。Higginson 和 Kretsinger 反对各向异性骨料有问题的理论，认为它们很可能会起某种作用。最近，Rasheeduzzafar 和 Al－Kurdi（1993 年）对含低热膨胀系数的石灰石骨料混凝土进行温度循环，表明该混凝土被模拟的阿拉伯湾环境（在 27～60℃间进行 120 次温度循环）所损伤。

不洁净的、含泥的骨料由于影响用水量可使收缩超过预计值。在青山坝采用 28 种水泥分别浇筑 3～4 块实验板，据推测，同种水泥浇筑的板之间开裂的差异是因为骨料含泥量不同。

关于骨料对温度收缩开裂的影响，用较高热膨胀系数的石英岩时，混凝土开裂温度比用石灰岩和玄武岩的高 10℃（Breitenbucher 和 Mangold，1994 年），见"温度收缩"一节。

自 生 收 缩

自生收缩发生于低水灰比混凝土，产生很大的拉应力，与温度收缩和干缩的拉应力叠加。自生收缩会因掺用超细粉，如硅灰，而显著增大。

在过去，自生收缩（混凝土不失水的收缩）很小，在 50 个微应变量级，可以忽略或作为干缩的一部分。干缩在 200～800 微应变范围。然而，由于很低的水胶比、高效减水剂和硅灰的使用，使其成为一个问题。

Houk 等人（1969 年）发现：自生收缩因胶凝材料细度增大而增大，当时获得的数据是现今因使用硅灰所得到结果的先驱。

Paillere 等人（1989 年）用图 35 所示的限制收缩装置测试一组水灰比为 0.5 的混凝土条形试件，量测到 0.84MPa 的自生收缩应力（图 47）。试验还确定：未经密封的试件 1/3 的应力是由于自生收缩，2/3 是由于干缩。对于存在 0.84MPa 的应力是有人怀疑的。而到了 1995 年，Bloom 和 Bentur 在 Paillere 之后用类似的装置（图 35）量测到水灰比为 0.5 混凝土中 1MPa 和水灰比为 0.33 混凝土中 2.5MPa 的应力（图 48）。

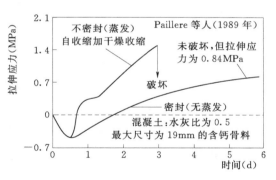

图 47　水灰比为 0.50 的混凝土约
1/3 拉应力由自生收缩产生

Paillere 还测试了水灰比为 0.44 的混凝土（密封的）没有发生断裂；但当拌和物中加入高效减水剂和硅灰（维持 425kg/m³ 水泥用量不变），水灰比降低到 0.26 时，则试件在 3.8d 开裂（图 49）。

Tazawa 等人（1994 年）量测到水灰比为 0.20、掺 10% 硅灰的混凝土自生收缩高达 700 个微应变，如图 50 所示。Tazawa 和 Miyazawa（1995 年）对水泥浆体进行测试，确认了自生收缩因水胶比较低、水泥细度较高、掺有硅灰和高效减水剂而增大（图 50）。Schoppel 和 Springenschmid（1994 年）在温度收缩试验中发现：粉煤灰和高炉矿渣在前 5d 引起大的自生收缩（见"温度收缩"一节）。

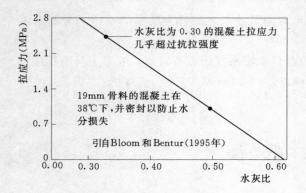

图48 水灰比为0.50的混凝土存在自生收缩
而在水灰比为0.30的混凝土中则达到临界值

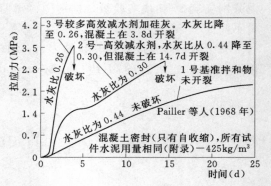

图49 原为0.44水灰比的混凝土，通过
添加HRWRA和硅灰以降低水灰比时，
混凝土更脆和更易开裂

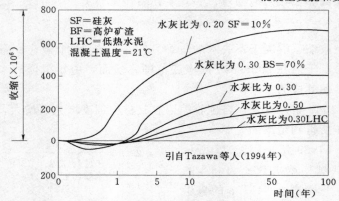

(a)与Tazawa 1995年用水泥浆体的工作和Pailere 1989年的工作相比，低
水胶比掺硅灰的混凝土极大地自收缩。高炉矿渣也有不利影响，
与Schoppel和Springenschmid(1994年)的结果一致

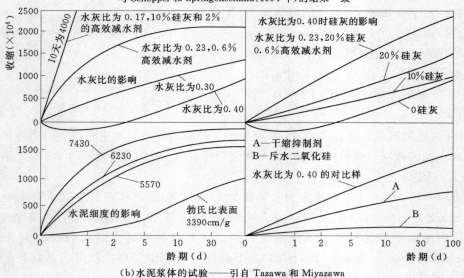

(b)水泥浆体的试验——引自Tazawa和Miyazawa

图50 自生收缩随细的胶凝材料和较低水胶比而增大

硅灰对 4 类收缩的影响

硅灰对塑性收缩、自生收缩、温度收缩和干燥收缩有不利影响。

硅灰是一种令人称奇的材料。其颗粒比香烟的烟灰还细，和水泥约 $350m^2/kg$ 的细度相比，其勃氏细度为 $20000m^2/kg$。1971 年，挪威的 Kristiansand 首先将硅灰的应用写进文献。Gjφrv（1995 年）报道了对 6 处 20 年龄期、含硅灰结构物的检测，发现混凝土还处于良好状况。然而，Gjφrv 警告：在水胶比低于 0.39 时使用硅灰会引起开裂。硅灰可减小孔隙尺寸，甚至能填充水化水泥浆体的孔隙，降低渗透性并减少氯盐侵入。它还使水泥-骨料通常多孔的界面区致密而提高强度。然而，混凝土中非常微细颗粒的存在，无论是在水泥里还是火山灰里，都会造成塑性收缩、自生收缩、温度收缩和干燥收缩增大。用硅灰时这种影响特别明显，如图 51 所示。

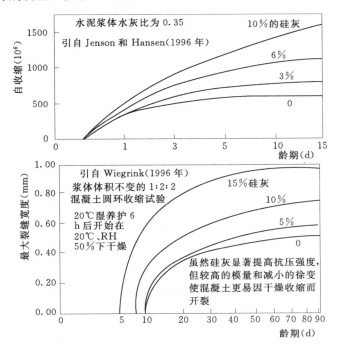

图 51　硅灰使混凝土更易于因塑性收缩、温度收缩、干燥收缩和
自收缩而开裂，而不应当用于任何已遇到过开裂的混凝土工程

Springenschmid（1994 年）说："4％和 8％的硅灰增加早期水化热约 15％，并在很大程度上加剧开裂倾向。"然而，他断定产生高拉应力的主要原因不是水化热，而是约 14h 开始的化学（自生的）收缩，不掺硅灰的混凝土则为 48h。

Scrage 和 Summer（1994 年）在水灰比为 0.30 的混凝土中掺入了 8％的硅灰。在温度收缩开裂架实验中，硅灰使开裂时间从 70h 缩短至 40h。

Bloom 和 Bentur（1995 年）发现硅灰加速硬化速率，增大自由塑性收缩和塑性开裂的倾向；而对覆盖和受约束的试件，加快由于自收缩形成拉应力的速率。

因此，建议在使用硅灰时，采用为达到所要求目标的最小用量。例如，Ozildirim（1994 年）在开发低渗透性混凝土时，试验了 0、3％、5％和 7％的掺量，确定在混凝土中使用 2％的硅灰和 47％的矿渣。

温 度 收 缩

慕尼黑工业大学开发的技术揭示了水泥含碱量和细度、水泥用量以及浇筑温度的重要性。

1. 开裂架和温度—应力试验机的开发

新浇筑混凝土的温度由于水化热而上升，如果它受到约束，则随后的冷却与温度收缩产生的拉应力增长会引起开裂。

本节信息主要来自慕尼黑工业大学的研究和 Springenschmid、Breitenbucher、Mangold、Fleischer、Schoppel、Schrage 和 Summer 工作的概括。

他们的工作始于 1982 年，当时 Vienna-Salzburg 高速公路新浇筑的混凝土路面在次日（切缝前）由于大雷雨，气温降低超过 15℃而出现裂缝。在另一个工地，使用的水泥和骨料不同，暴露在同一气温条件下的路面混凝土却没有开裂。是水泥或骨料造成的开裂吗？为回答这个问题，Springenschmid 等人（1994 年）在慕尼黑工业大学加工了一套开裂试验架装置，在试验架上浇筑一个长条形试件，使其混凝土的变形受到约束。18h 后环境温度下降，当混凝土冷却到－3℃时开裂了，再现了现场的断裂情况。

从那时起，在慕尼黑工业大学大约进行了 800 次开裂架试验；而美国大约做过 40 次约束混凝土试验。该试验方法将被纳入 RILEM 作为 TC 119 标准试验方法。加拿大、日本、挪威、法国和以色列等国正在使用其仿制品。据了解，美国只有得克萨斯的 Rall 一人在使用。

1984 年，Gierlinger 和 Springenschmid 制作了第一台温度—应力试验机（Temperature - Stress Testing Machine，TSTM）。这台更精密的仪器需提供 100％的约束，如模拟浇筑在大坝靠近基岩的下层混凝土（开裂架提供的约束约 75％）。TSTM 已由法国的 Paillere 和以色列的 Bentur 开发并使用，如图 35 所示。

图 52 所示的开裂架的隔热板约 50mm 厚，故混凝土会因水化热而升温，无须另外加热。4d 以后，混凝土冷却到 21℃的环境温度。如果这时混凝土没有破坏，就以 1℃/h 的速率人工降温，直至出现开裂。将出现断裂时的温度定义为混凝土的开裂温度（图 53）。

混凝土浇筑在 21℃的温度控制室内,在 4h 内加热混凝土然后冷却至 21℃。如果试件没有破坏,则以 1℃/h 的速率降温,直到试件破坏。定义该开裂时的温度为开裂温度。

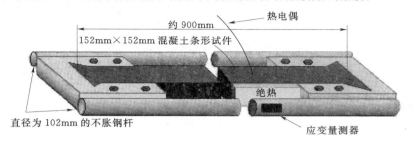

图 52　慕尼黑工业大学测试温度收缩的开裂架。用以模拟厚度从 203mm
到 900mm 的混凝土构件水化温升（将纳入 RILEM TC 119）

在德国一座大型桥面板工程中,根据要求测试了候选的水泥。按标准混凝土拌和物试验,其开裂温度要低于 10℃才成。这个要求是强加的,因为 Springenschmid 发现：按照德国标准 DIN 1164,同一品种水泥的开裂温度变化范围很大。

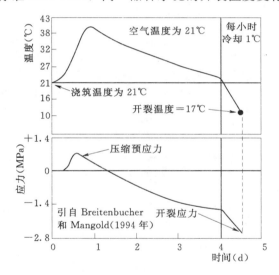

图 53　开裂架试验的混凝土典型温度和应力曲线

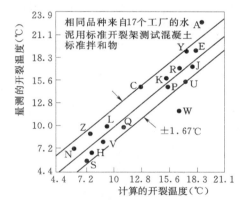

图 54　用 Springenschmid 和 Breitenbucher
（1990 年）开发的公式预测实际开裂温度,
17 个数据中有 15 个在±1.67℃范围内

这些仪器还可以保持温度几乎不变,用于检测混凝土的自生收缩（在欧洲称之为化学收缩）。但因为试件尺寸大（150mm×150mm 断面的棒）,所以很少用于需占用仪器几个月的干缩研究。以色列的 Bentur（图 35）用较小的试件来测试干缩。

Springenschmid 认为他的方法比美国研究者们现用的圆环试验要好。圆环试验不能产生可以减小温度裂缝的压应力。他还认为：该方法可提供一较好的线性干燥条件；然而,本书附录里他给笔者的信中说：Blaine 试验（图 33）可以检测出易裂的水泥。

2. 水泥的影响

最惊人的发现是水泥的强烈影响以及 5％ 的高速公路是因使用高碱水泥而开裂。

在对 17 个同品种而来自不同生产厂的水泥的试验中，Springenschmid 和 Breiten-bucher（1990 年）发现：开裂温度在 6～32℃ 之间。在后一种情况下，混凝土在冷却到室温之前就会开裂，这在一定程度上反映混凝土的脆性，也表明结构中混凝土通常受到的约束程度没有在开裂架上的大。已经开发出一个用水泥化学成分和细度计算开裂温度的公式：

$$T_C = 22.3 - 0.143^2 \frac{\dfrac{SO_3}{0.115^2 C_3 A + 1.897^2 sol A_2}}{(d'^2 0.69^{\frac{1}{n}})^2} C_3 A$$

式中　T_C——开裂温度，℃；

　　　SO_3——硫酸盐含量，％；

　　　$C_3 A$——铝酸三钙含量，％；

　　$sol A_2$——可溶碱含量（可溶钠％＋0.658 可溶钾％），％；

　　　　d'——RRSB 粒度表上的位置参数，mm；

　　　　n——RRSB 粒度表上的斜率。

d'、n 表示水泥细度特征，这比美国所用的体系要复杂。笔者是对上述那种复杂公式的怀疑论者，因为它们很少描述真实的内容。但在这个情况下，计算值和实际结果之间有着惊人的相关性，如图 54 所示。因此可省去制作开裂试验架的麻烦，简单地用该公式来评估选用水泥（虽然有试验数据总要更好些）。

随后，为使混凝土（温度）开裂趋势小，水泥应当是低碱、粗磨，以及硫酸盐含量相对其 $C_3 A$ 而言要高。这几个变量中，如图 55 表明：碱含量影响最大。Blaine（1969 年）发现：碱含量还强烈地影响干燥收缩引起的开裂，像青山坝就很明显。

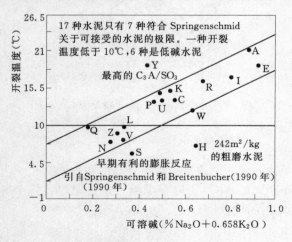

图 55　含碱量对混凝土温度裂缝的影响

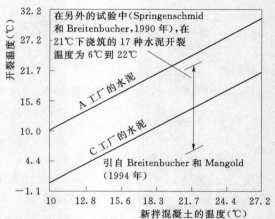

图 56　混凝土温度开裂受新拌混凝土温度和水泥的影响大（温度由华氏转换，保留小数点后 1 位——译者）

另外，还发现硫酸盐含量高的水泥也能使开裂温度降低，但只有同时是低碱水泥才行。然而当石膏和硫铝酸钙作为膨胀剂掺入混凝土时，预压应力要高得多且开裂温度明显降低。

水泥细度是一个影响因素。注意：德国、法国的水泥就比美国的粗。抗裂性出色的H水泥细度只有 $242m^2/kg$。这种水泥在美国买不到。

3. 新拌混凝土温度的影响

Breitenbucher 和 Mangold（1994 年）确认：混凝土浇筑时的温度有非常大的影响，见图 56。该图突出了控制混凝土温度的重要性。

4. 水泥用量的影响

减少水泥用量与增大水灰比可以改善抗裂性能。Breitenbucher 和 Mangold 发现：在水灰比为 0.40～0.70 的常用范围内，开裂温度随水灰比增大而下降。如果水灰比比 0.7 高得多，则会因抗拉强度降低使开裂温度再次升高。还发现：水泥用量从 380 kg/m³ 减少到 340kg/m³ 时，开裂温度下降了 7.8℃。

Schrage 和 Summer（1994 年）在高强混凝土研究中提出："高强混凝土比传统混凝土更容易开裂。这是由其高水泥用量、低水灰比和添加超细粉所造成的。早期温度裂缝并不是高强混凝土的主要问题。化学收缩和随后的自干燥作用形成的应力的影响，至少和温度的影响相当。"

5. 骨料的影响

玄武岩和石灰岩因热膨胀系数小，比石英岩要适宜作为骨料。

6. 粉煤灰和高炉矿渣水泥的影响

Schoppel 和 Springenschmid（1994 年）比较了两种混凝土拌和物：一种水泥用量为 340kg/m³，另一种为 280kg/m³ 水泥加 60kg/m³ 粉煤灰。他们的结论是："水泥用量较少的混凝土温升较小。显然掺有粉煤灰的混凝土在最初 4d 里自生收缩发生得较晚。因此，尽管水泥用量较低的混凝土温升显著降低，而开裂温度降低值小得可以忽略，有时甚至比高水泥用量的对照混凝土开裂温度还高。开裂温度低表示开裂敏感性小。"然而，Springenschmid 最近的信（见附录）指出：他经常使用粉煤灰，但只有通过开裂架试验后才能预测。粉煤灰的细度可能是一个重要的影响因素。

此外，"与掺粉煤灰的混凝土类似，矿渣水泥混凝土在最初 5d 发生大的自生收缩。"

7. 水化热的影响

在慕尼黑还发现：通过为对付温度裂缝问题而照搬选用低热水泥的办法常常不奏效，这是因为忽视了诸如弹性模量、热膨胀和抗拉强度等重要参数。Springenschmid 和 Breitenbucher（1994 年）描绘了在用水化热相同的两种水泥配制的混凝土冷却到室温时，一种的拉应力为 1.82MPa，而另一种达 3.01MPa。

更重要的是早期刚度的发展。当其发生时，会转变成较高的预压应力，当混凝土冷却下来后，有减小最终拉应力的作用。Nagy 和 Thelandersson（1994 年）说："如果新拌混

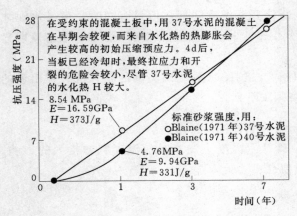

图57 两个水泥的实例中，低水化热的水泥因早期刚度较低，由于温度收缩而开裂的风险更大

凝土的刚度尽可能快地增长，通常是有利的。另外，由于水化热产生的热量应当尽量迟释放"。笔者奇怪为什么水化热相同的水泥会有不同的刚度（强度）增长速率。在查询 Blaine 的第六部分数据中，发现有两种水泥，使用水化热较大的水泥时，因其刚度增长快得多更合适，见图57。

8. 冷却速率的影响

在加拿大，Chui 和 Dilger（1994年）使用一台改进的 Springenschmid 开裂架，发现冷却速率越小，开裂危险越低。

9. 引气作用的影响

Breitenbucher 和 Mangold（1994年）发现：引气混凝土的低弹性模量和较好的应变能力可使开裂温度下降约5℃。

应当用什么方法检测开裂

用约束开裂试验检测给定水泥、砂浆或混凝土经受温度收缩、自生收缩和干燥收缩产生自应力的能力是有必要的。

ASTM 和 AASHTO 应当采用 RILEM TC 119 委员会提出的新试验方法防止温度收缩和自生收缩引起的开裂。

购买一台 Springenschmid 的开裂试验架需要 40000 美元，但得克萨斯州交通部的 Mary Lou Ralls 正在制作一种较简单的代用品。

TC 119 也可用于检测干燥收缩，但 150mm×150mm 断面的大试件试验时间太长，试验装置应当按比例减小，因此推荐干燥较快、断面较小的试件。建议用一个边长为 38mm 的试件进行小型混凝土（骨料最大粒径为 10mm）试验。这种试件由 Bloom 和 Bentur、Tazawa 及其他人使用。Springenschmid 喜欢用受约束的条形试件，而不用圆环约束，因为受约束的条形试件可获得更均匀的应力，并易于直接量测拉应力。

需要一种快速地检测易裂水泥的试验方法。Springenschmid 同意笔者关于 Blain 圆环收缩试验可用于检测易裂水泥的意见，该方法的优点是试验装置很容易加工，而且已经由 Blaine 的工作建立了断裂临界指标。争辩同一品种的不同水泥具有相同的开裂趋势是可笑的，因为 Blaine 的水泥因干燥收缩的开裂时间从 4min 到 45h 变化不等。Springenschmid 对相同品种但来自不同水泥厂的 17 种水泥进行的温度收缩开裂试验结果差异也很大，其中有 10 种在他的试验中不合格。

自生收缩、干缩与温度收缩的相对大小

在一块桥面板中，上述收缩会叠加在一起引起开裂。

图 58 表明混凝土的脆性以及当这些收缩一起发生时，可能远远超过混凝土的拉应变能力。这里强调了低模量和徐变的重要性，必须减小这些应力并防止开裂。

混凝土的瞬时拉应变能力为 $(50\sim200)\times10^{-6}$。

冷却 15.6℃ 使混凝土缩短 $(240\sim420)\times10^{-6}$。从水化热冷却可超过 15.6℃，这就是交通部喜欢夜间浇筑的原因。

如果水灰比低而又使用硅灰，则自收缩可使混凝土缩短 700×10^{-6}。

干燥收缩使混凝土缩短 $(200\sim800)\times10^{-6}$。但在某些应用和气候中可不发生。有基层的路面不干燥，但桥面板会干燥。

如果所有这 3 种体积变化都发生，则能超过混凝土的瞬时应变能力 1000%。所有 3 种都容易出现在掺硅灰的低水灰比桥面板。正如 Pickett 在 1942 年所做的一次观察，必须依靠徐变来防止开裂。

图 58　温度收缩、自生收缩和干燥收缩应变之和很容易超过
没有徐变能力混凝土的允许应变值

桥 面 板 的 开 裂

看来这将成为现今混凝土耐久性领域里最普遍深入的问题。

Krauss 和 Rogalla（1996 年）关于 NCHRP 计划 12 - 37 项目研究的结论，是美国 115000 多座桥面出现横向开裂，在于强度高、弹性模量大、几乎没有徐变能力的混凝土的温度收缩和干缩。除温度收缩和干缩以外，第三个因素是存在自生收缩。

关于 12 - 37 项目，调查了各州的交通部。调查表明所采集的 100 座桥面板实例中，如表 8 所示 52 座会开裂。

表 8	桥面板开裂实例
22 座在第 1 周要开裂	原因肯定是温度收缩加（如果水灰比低于 0.5）自生收缩
6 座在 6 周后要开裂	温度收缩太晚而干燥收缩太早。因此必定是自生收缩叠加上温度收缩引起的自应力
8 座在 1 年内要开裂	很可能是干燥收缩引起的应力叠加上温度收缩的应力，而自生收缩又没有被徐变松弛
16 座在 1 年后要开裂	干燥收缩产生的代价

应当认识到这是一个全国的平均值。只有几个州没有报道横向开裂的问题。表 8 中右列是笔者对桥面板开裂原因的看法。桥面板在第 1 周后，又在约 1 个月之前开裂，很可能是自生收缩影响，因为这期间温度收缩（水化放热后）已经停止，但干燥收缩还没真正开始。

图 59 为科罗拉多州丹佛市一座 2 年龄期桥面板的应力图。该强度很高的混凝土非常脆，且没有徐变能力抵抗开裂。图 60 和图 61 所示为距笔者家 8km 内已开裂的混凝土。

很低水灰比和高水泥用量的混凝土容易因温度收缩、自收缩和干燥收缩（全部相加）而开裂。Cannon 等人在 1992 年建议通过尽可能延迟设计强度的到达（一项计划允许 90d）而采用较低水泥用量。

丹佛的一座桥面板是只有 7d 就达到所要求强度（32MPa）的后果一个实例。混凝土的这种低徐变能力和高应力造成该桥面板开裂。

这种高早强及其造成的脆性是由于 0.34 的水灰比、64% 的高 C_3S 含量、391m^2/kg 的高细度，特别是和增加自收缩的高效减水剂（见图 47～图 51）

可怕的是，该混凝土是符合现代施工要求而小心设计的。

青山坝 13 号水泥在此应用中表现极好，但因 1973 年 AASHTO 把强度要求从 21MPa 提高到 32MPa 而被免除使用。13 号混凝土强度增长率只达此桥面板的一半，35 年后却完好。

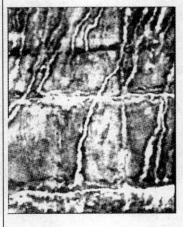

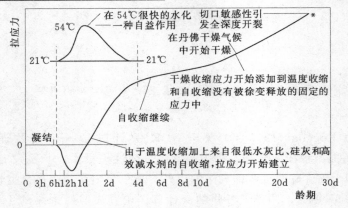

图 59 两年龄期桥面板的横向裂缝和开裂的原因

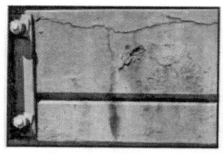 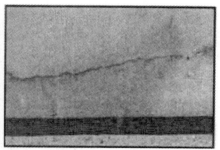

（a）收缩裂缝经常首先出现在靠近断面的边，因为那里干燥得快

 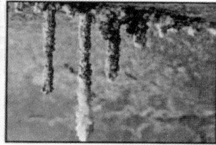

（b）裂缝、风化和碳酸钙的钟乳石状物

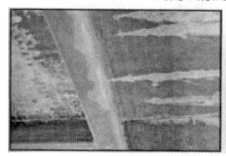 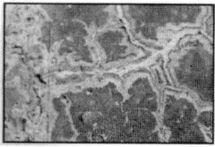

（c）横向裂缝（左）和花样裂缝（右）

图 60　作者在自家附近——科罗拉多州 Lakewood 拍到的桥面板开裂照片

前面讨论过的 12-37 项目调查的结果：20 世纪 70 年代中期 AASHTO 将强度要求从 21MPa 变为 28MPa（28d）后，桥面板开裂加剧了。在弗吉尼亚州，如 Newlon 所报道（1974 年），当 1966 年将 28d 强度从 21MPa 提高到 28MPa 时发生过类似的情况。

在 20 世纪 60 年代中期，弗吉尼亚州公路局将其规范和施工实践升级。几年以后，他们调查了这些变化带来的影响。1961 年公路局和 PCA 对 130 跨任选的桥梁进行了调研；1972 年弗吉尼亚州公路部用相同的方法调研了 436 跨任选的桥梁。他们高兴地发现：剥落问题已经因含气量从 3%～6% 增大到 5%～9% 而显著下降，但横向裂缝和随机裂缝却增多了；此外，1958 年开裂增加（图 62）可能与那年水灰比降低有关。他们没有指出引起这些开裂的原因。然而，NCHRP 12-37 项目的研究发现：在 1972 年调研中注意到开裂的增多，是由于 1966 年将抗压强度的基准从 21MPa 提高到 28MPa。

在 1973 年，曾将水泥用量削减到 1966～1970 年的水平。笔者和弗吉尼亚交通研究委员会的 Ozyildirim 联系，询问这次削减的原因。Ozyildirim 说：增加水泥用量不仅没有任

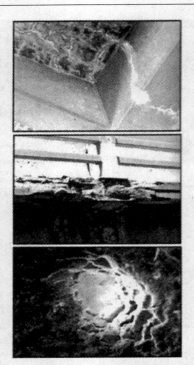

　(a)在要求最低强度等级之前浇筑于1965　　(b)在一个渗漏的全深度裂缝下面碳酸钙
　　　年的完好的混凝土　　　　　　　　　　　　　沉淀的结果

图 61　科罗拉多州丹佛市笔者家附近的桥面板裂缝

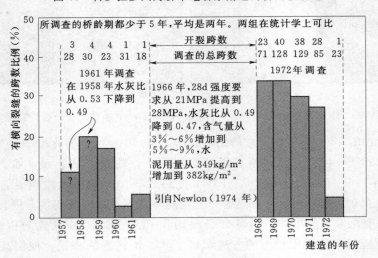

图 62　在抗压强度要求从 21MPa 提高到 28MPa 之后
弗吉尼亚州的桥面板横向裂缝增多

何好处，实际上加剧了开裂。因此，这个结论看来先于 NCHRP 12-37 项目 20 年的调研。似乎许多曾经得到过的教训很快被忘却了，或者一个公司得到的教训被另一个公司忽略，或为小集团思想综合征（指一群人的观点互相影响趋于相同——译注）所左右。还应当提到：弗吉尼亚州没有使用其他大多数州采用过的低水胶比。

Schmitt 和 Darwin（1995 年）调查了堪萨斯州的桥面板，发现 45.5MPa 混凝土的裂缝是 31.5MPa 混凝土的 3 倍（图 63）。

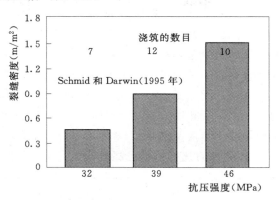

图 63　堪萨斯州桥的裂缝数量随强度提高而增多

安全系数过大的问题

当今的混凝土实践使交通部不敢采纳 TRB 第 380 号报告中关于尽量降低水泥用量的建议（Krauss 和 Rogalla，1996 年）。

为了在科罗拉多州 I-70 和 US-6 公路一座桥上安装新护栏，1997 年 4 月 1 日浇筑了新的过肩。25d 后出现裂缝，笔者认为这是由于温度收缩和自生收缩的复合作用引起的。Schrage 和 Summer（1994 年）的结论是：在低水灰比混凝土的初龄期，温度收缩和自生收缩产生的拉应力大致相等。图 64 所示为 4 月 28 日该护栏的外观。桥梁的设计人要求混凝土的强度仅为 12.6MPa，通常采用 250% 的安全系数，于是强度要求达到 31.5MPa；交通部的实验室采用实验室/现场间富余 25% 的安全系数，于是强度要求达到 39.5MPa；实际混凝土强度测试为 40.3MPa。在现场，承包商为加快施工或防止出现强度不足的可能，多加 1 袋水泥和少量的水，于是混凝土的水泥用量上升到 443kg/m³，水灰比为 0.30，由于自生收缩而产生很大应力的情况就发生了。混凝土浇筑 25d 后，气温从 15.5℃降到 2.8℃并维持了 3d。初始的温度收缩产生的应力，加上降温产生的温度收缩应力，以及正在发展的自生收缩产生的拉应力，使得混凝土开裂了。在 1 年龄期时，干缩使裂缝数量加倍。以上混凝土强度从 12.6MPa 层层加码，施工时达到 49～56MPa 的现象，是已被认可按传统行事的结果，使交通部不能实施 Krauss-Rogalla 对桥面板研究的结果提出降低水泥用量的建议。这种过于偏安全的做法是为了应付一系列检查的需要，不仅造成结构过早劣化，而且从购买水泥的开销和生产不必要的水泥时消耗的能源角度，都是不经济的。

科罗拉多州的另一座桥（Ⅰ-25号公路与Yale大街）在建成之前就出现开裂，见图64。有讽刺意味的是：该桥是由FHWA和科罗拉多州交通部在1998年春天主办的高性能混凝土会议上定为高性能混凝土特点的示范工程。裂缝还出现在桥面板和大梁上。虽然开裂还不算严重，但工程师的结论是：高性能（高强）混凝土应在浇筑场地施加预应力来制约由于温度收缩、自生收缩和干燥收缩产生拉应力的增长。图64所示的开裂类型，是近年来科罗拉多桥梁的地方病，但当强度要求为21MPa时修建的老桥并不存在。例如在1953年和1958年浇筑的科罗拉多州Boulevard和Logean大街之间的Ⅰ-25大道上所建9座系列丹佛桥就没有这种裂缝。与此类似，1963年修建70号公路的Bryers桥外形良好；而1993年Bryers西边10英里修的几座桥都已经开裂。

(a)该混凝土(1-70和US-6)水灰比为0.30,25d因自收缩和温度收缩而开裂。承包商多放了1袋水泥。1年后由于干燥收缩而裂缝加倍

(b)在丹佛Ⅰ-25和Yale大街高性能示范桥护栏墙上的裂缝

图64 由于温度收缩和自生收缩造成开裂的
实例——水泥用量太高的结果

在得克萨斯州，一座高性能示范桥——Louetta桥现浇的混凝土桥面板开裂了。64MPa混凝土的南车道比34MPa混凝土的北车道裂缝多。笔者相信如果用21MPa的混凝土就不会开裂。

这个问题正由得克萨斯州交通部的 Ralls 在研究，他们采用的是"温度收缩"一节中所述 Springenschmid 的方法。

建造耐久混凝土桥面板的处方

该处方是慕尼黑工业大学进行了约 400 次开裂架试验的结果。试验发现水泥用量在 240～280kg/m³ 的混凝土开裂温度低。在美国，直到 1990 年尚未进行过开裂试验（根据笔者对公开文献的检索）。

前面谈及慕尼黑工业大学的研究应用于横跨 Saale 河流域 Rudolphstein 镇附近高速公路一座长 290m 桥梁的施工。该桥没有大梁，为一座普通的钢筋混凝土面板桥，厚度中央为 1.6m，边缘逐渐减小到 40cm。由于接缝总要带来维修问题，因此将桥面板不间断地连续浇筑。混凝土浇筑的特点由 Fleischer 和 Springenschmid 汇总如下：

（1）用基准拌和物在标准开裂架上检测（RILEM TC 119），选择开裂温度低于 10℃的水泥（17 种不同水泥厂生产的水泥中，只有 7 种通过了该试验。如果用美国的水泥，肯定很少能通过，因为美国的水泥比德国的磨得更细）。

（2）骨料的热膨胀系数小。不用石英岩骨料。

（3）水泥用量为 280kg/m³，加 60kg/m³ 粉煤灰；与此相对应的是纽约州交通部桥面板高性能混凝土分别为 320kg/m³ 和 80kg/m³，以及科罗拉多州交通部的 448kg/m³ 水泥（25d 后开裂）。

（4）为尽量减小水泥用量，40MPa 强度要求在 90d 龄期而不是通常的 28d 龄期达到。28d 强度约为 34MPa。科罗拉多对应的是约 49MPa（承包商为保险多加了水泥），见图 64。

（5）捣实前混凝土的温度要求在 7～12℃之间，根据需要进行冷却。与此对比，得克萨斯开裂的 Louetta 桥新拌混凝土的温度为 35.6～39.0℃。

（6）在施工期间，混凝土内的应力用 Tanabe（1993 年）的"应力计"量测。

（7）控制混凝土浇筑过程，尽量减小约束程度。

（8）混凝土用湿毛毡冷却 1d，然后用隔热垫覆盖，以尽量减小板内的温差。

（9）支架用模板是隔热的，以尽量减小白铁皮支架和桥面板很厚的中断面间的温差，避免支架处出现表面和横向裂缝。从附录里 Springenschmid 的信中可以得到关于德国混凝土浇筑施工进一步的信息，其要点见表 9。

表 9　德国混凝土施工技术要点及与美国等国家的比较

施工技术	德国情况及与美国等国家的比较
防裂技术	德国技术领先美国 15 年。他们的工作始于 1982 年，以慕尼黑工业大学的 Springenschmid 为先锋。Springenschmid 曾尝试争取 ACI 的会员们和运输研究部参加 RILEM 委员会的工作而没有成功。而日本人对每次会议几乎都做出了贡献
桥面板裂缝	桥面板裂缝在德国不是问题，他们用较少的水泥和水化较慢的水泥。他们还有防止早强过高的两道安全措施

施工技术	德国情况及与美国等国家的比较
水泥用量	德国的桥面板混凝土一般含有 $280kg/m^3$ 的水泥和 $60\ kg/m^3$ 的粉煤灰。相对应的是美国科罗拉多桥含有 $448kg/m^3$ 的水泥，在 28d 因温度收缩和自生收缩的联合作用而开裂；6 个月后，因干燥收缩裂缝增加
水泥水化速率和抗裂性	两个控制因素是水泥细度和 C_3S 含量。德国的水泥细度约为 $300m^2/kg$，而美国水泥则约为 $380m^2/kg$。在德国可买到一种细度 $240m^2/kg$ 和 C_3S 含量 43％非常抗裂的水泥，而这样的抗裂水泥在美国已有多年买不到了
使用防止水泥用量过高和早期强度太高的两道安全措施	（1）修建第一条新德国铁路的隧道衬砌时出现严重的开裂，后来取消 10h 为 12MPa 的强度要求，改用隔热立方体模具成型试件，限制 12h 最高强度为 6MPa，如果超过了，就要用更多的粉煤灰取代水泥。这种情况通常发生在夏季。 （2）为避免早期强度过高，立方体试件只在 56d 检测。与其相比，美国丹佛的一座桥在 7d 就超过 31.5MPa 的强度要求，1 个月内就开裂了，如图 59 所示
混凝土浇筑温度	对于重要的桥梁，德国要求混凝土浇筑温度必须低于 12℃。与此相对照，美国得克萨斯州的 Louetta 桥，一座高性能混凝土示范工程，混凝土温度为 35.6～39℃，现在它已开裂
开裂的原因	Springenschmid 的结论是：2/3 的开裂应力来自温度收缩，1/3 来自其他收缩；在美国，其他收缩的作用可能大得多，原因如下： （1）在美国，由于较低的水灰比，自生收缩的应力较大。 （2）美国平均气温干燥，导致更大的干燥收缩。这是由 TRB 第 380 号报告中的数据得出的。该报告表明：100 块桥面板中，28 块会在第 1 个月开裂（温度收缩和自生收缩）；24 块会在 1 个月后开裂（没有被徐变松弛的温度收缩和自生收缩应力与干缩应力叠加）
含碱量的影响	水泥中的碱加剧温度收缩和干缩开裂。5％的混凝土高速公路是由于这个原因开裂的，并没有发生 ASR。这证实了笔者的结论：青山坝的裂缝不是 ASR，而是由高碱水泥的易裂造成的
硅灰的使用	RILEM TC 119 表明硅灰产生自生收缩，应限制其使用

$$\boxed{停\ \ 车\ \ 场}$$

混凝土劣化最普遍的问题其次出现在停车场。

Litvan（1991 年）估计：在加拿大翻修 31 个开裂的停车场费用约为 1500 万美元，平均约 25 美元$/m^2$。桥面板和停车场共同的特点是：使用低水灰比的富拌和物，较大的约束程度；浇筑后的水化温峰较高，由于底面不与地面接触，而由模板隔热；相对于有地下水供应而永不干燥的地面板来说，后期干燥的几率大；有顶盖的停车库因为不能靠下雨与水分接触，甚至比桥面板更容易受干缩影响。这就造成因温度收缩、自生收缩和干燥收缩，以及吸收由汽车带入含氯盐的水滴而开裂的状况。

Litvan 有一个使用低水灰比富混凝土的案例。50 号停车库在大约 1 个月内出现约

518m 长的渗漏裂缝（温度收缩和自生收缩），两年后又出现约 244m 长的渗漏裂缝（干燥收缩）。在热天浇筑的 4 处混凝土比凉爽天气里浇筑的两处裂缝多得多。该混凝土水泥用量为 $460kg/m^3$，水灰比为 0.33。令人回想起 Springenschmid 把高速公路桥面板的水泥用量降到 $280kg/m^3$，并保持混凝土拌和物在 12℃下浇筑，而避免了温度收缩裂缝。

带顶盖停车库悬空的混凝土楼板受干燥作用，水泥浆体中的孔隙会张开，形成微裂缝，渗透性增大，并因此使钢筋容易遭受除冰盐的侵蚀。含氯盐的水分容易被毛细孔吸收。此机理在下一节要讨论。当桥面板使用水化较慢的水泥和较低的水泥用量时，氯盐侵蚀的问题可以得到解决。

"在强度高、致密混凝土中的钢筋，由于氯盐易于透过混凝土的微裂缝而锈蚀"。——P. K. Mehta。

钢 筋 的 锈 蚀

钢筋锈蚀是一个没有良好解决办法的问题。为难的是：强度高、不渗透的混凝土易开裂；而强度低、抗裂性好的混凝土又渗透。本节介绍处理该两难问题的一项实验计划。

混凝土中由氯离子造成钢筋锈蚀的快速试验方法是全世界普遍关注的问题。氯离子来源可能是除冰盐、骨料中的盐分、含盐的水、海水、矿渣水泥中的盐分（如果熟料用海水冷却）、距海岸 1 英里左右陆地带入的盐，或者掺入混凝土的氯化钙。

正在对一些措施，例如对掺有粉煤灰、高炉矿渣、硅灰和水灰比很低的混凝土进行研究。防渗密封涂料、阳极保护甚至用不锈钢作为配筋也在研究之中。

1. 有趣的历史事件

与以上引起恐慌的情况形成鲜明的对比，Young（1931 年）对 1916 年前后建造的混凝土船评价："由于还没有防止钢筋生锈的方法，显而易见的补救措施是把钢筋埋到致密的混凝土中足够深度，避免遇到水分和空气。表面上看来，这样做应当不难，因为有人发现：仅约 13mm 的混凝土或砂浆就可完全保护钢筋。大多数战争中建造而现在状况良好的混凝土船就是证据……。"在 Young 写这些话的时候，这艘混凝土船已经在海上漂浮了 15 年。他所指的致密混凝土可能是图 40 中的 0.55 水灰比的混凝土。

过去那些粗磨的水泥很少开裂，而且能较好地自愈合。Young 的混凝土是否因裂缝较少与自愈合作用而能抵抗大气侵蚀，而且形成不透水且稳定的基体，即对冷热循环和干湿循环有免疫功能？此外，通常认为会降低碱度而对护筋有害的碳化，也能够有助于混凝土表面的致密作用。

2. 氯离子侵入的机理

氯离子由以下可能同时发生的四种机理穿过混凝土向钢筋迁移：

（1）离子扩散。氯离子穿过浆体中的孔隙和毛细管进行扩散，并穿过水泥—骨料界面的孔缓慢迁移。

（2）可见裂缝。塑性收缩、温度收缩、自生收缩、干燥收缩和荷载形成的裂缝为氯离子提供快速通道。Pfeifer 和 Scali（1981 年）发现：密封材料不足以封住裂缝阻止氯离子侵入。

（3）微裂缝。Mehta（1994 年）、Valenta（1968 年）和 Paulsson 等人（1998 年）相信：大部分锈蚀问题是由于干湿循环、冻融循环和温度循环经过几年时间形成相互连通的微裂缝体系的结果。就每一次循环而言，干湿循环比温度循环产生大得多的应力；然而，混凝土可能每年只经受一次大的干湿循环，但要遭受 365 次温度变化。这无疑使浆体和浆体-骨料间的黏结疲劳，尤其是如果浆体和骨料热膨胀系数不同时，如 Rasheeduzzafar 和 Al‐Kurdi 所表明的那样（1993 年）。

（4）毛细孔吸水。干燥的混凝土通过一次吸水吸入含氯盐的水分，比氯盐通过离子扩散的行进要快几百倍。从吸收、吸附和渗透等试验结果来看，这是很明显的。

基于一些研究者的结果，将锈蚀机理的复合模型示于图 65。锈蚀的发生，除由氯离子或因碳化而降低了孔溶液的碱度造成钢筋脱钝外，必须有水分和氧气存在。若具备了这些条件，而且当氯离子浓度达到混凝土质量的 0.03% 左右时，钢筋开始生锈，最终使混凝土开裂。

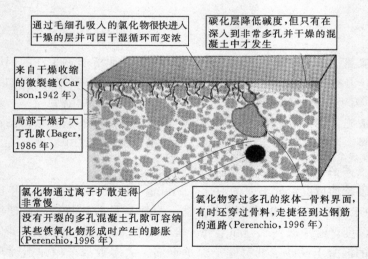

图 65　氯离子侵入钢筋的机理复合模型

按照 Perenchio（1996 年）的看法，多孔混凝土的孔隙中可容纳一定量铁锈的形成。他是从检查路易斯安那州立大学 Tiger 体育场后得出此结论的。那里有些 70 年龄期的混凝土被铁锈污染严重，但却几乎没有劣化。注意：70 年前混凝土的水灰比在 0.58～1.00。

几乎所有实验室的抗氯盐和抗渗性研究，都是针对未干燥和未受大气侵蚀的混凝土的，离子扩散是唯一假设的机理。对于现场混凝土，笔者怀疑离子扩散是主要机理，因为氯化物可容易得多地通过其他三个机理进入混凝土。Neville 相信主要机理是毛细孔吸收。辨别主要的机理很重要，因为可以确定未来研究工作的方向。

如果主要机理是离子扩散，则应继续已经做过的工作——采用水灰比很低的混凝土，结合使用粉煤灰、矿渣和（或）硅灰。如果像 Mehta 所说：机理首先是氯离子通过相互连通的微裂缝体系侵入，那么就应当像德国人所做的：通过选择抗裂性好的水泥（粗磨的、低碱的）限制开裂，并通过降低水泥用量来减少塑性收缩、温度收缩、自生收缩和干燥收缩造成的开裂。这一方针是 Paulsson 等人在 1998 年推荐的。

3. 影响渗透性的其他因素

氯离子侵入的速率受混凝土渗透性控制。早先的工作确定水灰比、养护和捣实是三个重要的因素。前两个是相互影响的。例如 Neville（1996 年）说："……水灰比从 0.70 减小到 0.30，使渗透系数降低了 3 个量级"。同样的降低可以发生在水灰比为 0.70 的浆体在龄期 7d 到 1 年间。关于捣实，研究者们（Etwiler，1991 年）评论道：即使经过细心捣实的实验室试件，也会因空隙和不匀质的颗粒分布而使渗透性有很大的差异。例如，两个相邻粗骨料颗粒之间存在多孔的浆体-骨料界面区，为氯离子很快地穿过提供了捷径。

水灰比、养护和水泥特性决定孔结构，从而决定未受干燥和大气侵蚀的混凝土的渗透性。已发现低水灰比时掺粉煤灰、高炉矿渣和硅灰，可使混凝土孔结构显著地细化和致密。然而，在干燥和已受大气侵蚀的混凝土中，原始的结构会发生剧烈的变化，引起有人怀疑细化孔结构的优点，是否干燥作用会使其渗透性增大几个数量级？讨论如下。

（1）W/C、粉煤灰、矿渣和硅灰对抗氯化物的影响。1973 年，AASHTO 把桥面板混凝土的水灰比从 0.530 降低到 0.445，把最低强度从 21MPa 提高到 31MPa 以提高抗氯离子性能。注意：弗吉尼亚公路研究委员会反对这种改变，而仍然使用 28MPa，可能是因为 Newlon 在 1974 年的工作表明：水泥用量较高时裂缝较多。这个情况在 1996 年被 Krauss 和 Rogalla 证实，他们在 NGHRP 项目 12-37 桥面板的研究得出结论：AASHTO 的改变增加了温度收缩和干燥收缩的横向裂缝，见表 10。

表 10　　减小水灰比后抗氯化物侵入的效果

研究者	将水灰比从 0.530 减小到 0.445，降低氯化物的侵入能力
Whiting	17%
Marusin	25%
Philapose 等人	20%
Jaegermann	33%
Gjφrv 等人	20%
平均：22%	

或许 AASHTO 做法最坏的影响是如此看重改变水灰比，以至某些人走得更远，而设计水灰比为 0.30 到 0.40 的混凝土，造成图 59、图 64 和表 9 所示的开裂问题。

图 66 所示为水灰比的影响和掺粉煤灰、矿渣、硅灰对氯化物侵入的作用。由图 66 可知：AASHTO 的改变被确认可以降低氯化物侵入能力达 22%。图 66 还表明，与掺粉煤灰、矿渣或硅灰带来的改善效应相比，这约 22% 的抗氯化物侵入的效果还是小的。

基于这一点，Johnston（1994 年）发现：简单地往水灰比为 0.50 的混凝土掺点高效减水剂，就可以降低氯离子扩散性一半（ASTM C 1202），再掺粉煤灰与硅灰作用就更大。结论是：掺高效减水剂、粉煤灰和硅灰时提高抗氯化物的作用比限定水灰比为 0.445 显著得多。

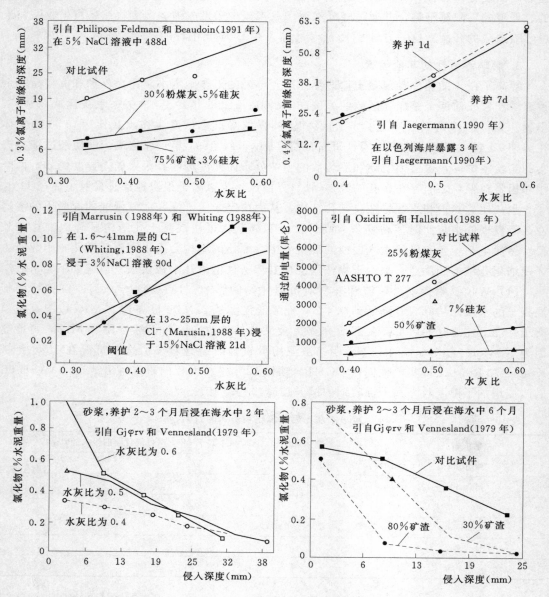

图 66　1979 年，Gjφrv 和 Vennesland 阐述道："……水泥品种比水灰比对抗氯化物扩散的作用更大"。这后来被 Ozildirim 和 Halstead（1988 年）、Philzpose、Feidman 和 BeoUdion（1991 年）及其他人所证实

另外一种情况，Gjφrv、Tan 和 Zhang（1994 年）在两年的氯化物扩散试验中发现：水灰比从 0.43 降低到 0.28，氯化物减少了一半；而掺 9％的硅灰，氯化物则减少了 4/5。

前面曾指出，桥面板横向裂缝问题可通过把水灰比从 0.445 提高到 0.53 而得到改善。由图 66 还看出：掺加矿渣、粉煤灰或硅灰来改善抵抗氯化物性能也是可以接受的。然而，McCarter（1996 年）和其他人的数据表明：掺这些材料对涉及干湿变化试验的结果好处较小，在实际大气侵蚀条件下甚至有害。这在后面要讨论。

（2）干燥对渗透性的影响。1 立方英尺（0.0283m³）养护良好的混凝土含有约 1 加仑（4.546L）自由水，在湿度小于 80％时，会非常缓慢地从混凝土中蒸发，直到与环境湿度平衡，除非从雨水或地下水得到补充。

需要强调指出：非常干燥的情况在许多混凝土的应用过程中不会遇到，因为雨水可以周期性地再提供水分，或者如公路路面，即使在干旱气候条件下，也可以由地下水补充。严酷的干燥程度是当混凝土应用于薄壁、桥面板和有顶盖的停车库，尤其在加热的时候。路面板只会干燥到 25mm 左右深度，但这对除冰盐引起的剥落和翘曲有明显影响。

Powers（1954 年）让水泥浆体缓慢地干燥不出现开裂，但由于凝胶结构受损，低压水对它的渗透性增大了 70 倍；Neville（1996 年）声称对混凝土的渗透性增大了 100 倍。而 Whiting（1988 年）发现：当水灰比在 0.40～0.75 变化时，混凝土的透气性（通常在约 105℃下干燥后量测）仅在 120～170 微达西（多孔介质渗透率的单位——译注）之间变动。这说明：严酷的烘干作用使微结构受到损伤。Perraton 和 Vezina（1988 年）在室温下干燥试件，发现水灰比在 0.40～0.50 之间混凝土的透气性几乎没有差异。他们还发现：硅灰增大干燥混凝土的渗透性（图 67），这和通常用湿养护并未经干燥试件进行的掺硅灰试验结果正相反。

Bager 和 Sellevold（1986 年）检测了含水量从 100％下降到 65％时混凝土砂浆中毛细孔的扩展，得出结论："需要强调指出，硬化混凝土的浆体和用于渗透性与抗冻性试验的混凝土在试验前应当经历与实际情况接近的暴露条件。"

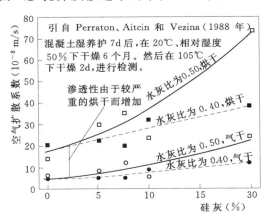

图 67　硅灰增加干燥的混凝土的渗透性
（水灰比比干燥的影响小）

Jacobsen 等人（1997 年）发现：干燥量很小的差异就会造成盐剥落试验（ASTM C 672）剥落量很大的差异。这解释了该试验方法的重现性问题。

干燥不仅使孔结构受损伤，还会削弱水泥—骨料间的黏结，而且由于浆体受骨料约束会产生微裂缝，正如 Carlson 在 1942 年、Brewer 和 Burrows 在 1951 年、Backstrom 和 Burrows 在 1955 年以及 Mehta 在他近年大多数的论文中所讨论的。

由于关注毛细孔吸水性，Pu 和 Cady（1976 年）用远红外加热混凝土干燥到 65％含水量。当混凝土浸在甲基丙烯酸酯中时，树脂吸入到 76mm 深度；经烘干的混凝土则渗透到 200mm 深度。做吸水试验时，你可以看到干燥的混凝土像海绵一样把水吸光。"吸光"只是字面上的含意，如果有人把一块干燥的混凝土圆柱体放到 13mm 深的水中，可以观察到水在试件中上升，有时仅几天就到达试件的顶部。

图 68 所示的 Sugiyama 等人（1996 年）的数据很有意思。它们表明，透气性与水灰比无关，而只决定于混凝土的含水量。该图之所以有意思，是因为氧气对钢筋锈蚀是必需的。或许，情况可能是这样的：混凝土保护层几乎已经干燥到达钢筋，使氧气易于进入，而这时在钢筋上仍有足够的水分提供腐蚀过程。Perenchio（1996 年）说过，锈蚀发生在内部相对湿度大于 75% 的条件下。

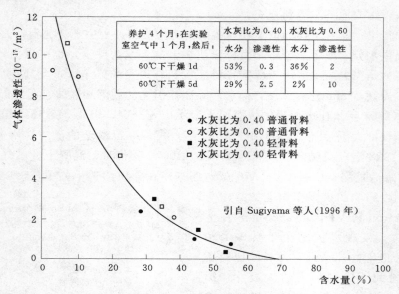

养护 4 个月；在实验室空气中 1 个月，然后：	水灰比为 0.40		水灰比为 0.60	
	水分	渗透性	水分	渗透性
60℃下干燥 1d	53%	0.3	36%	2
60℃下干燥 5d	29%	2.5	2%	10

- 水灰比为 0.40 普通骨料
- 水灰比为 0.60 普通骨料
- 水灰比为 0.40 轻骨料
- 水灰比为 0.40 轻骨料

引自 Sugiyama 等人（1996 年）

图 68　氧气的渗透性只取决于含水量，而与养护、水灰比和骨料品种无关

由此看来，干燥作用可能改变，有时甚至完全颠倒采用湿养护而又未经干燥混凝土传统的试验结果也是不足为奇的。图 4、图 8、图 17 和图 36 所描绘的 USBR 实验就表明了在前述 PCA 长期实验项目中，在伊利诺伊州 Skokie 暴露了 25 年的混凝土是好的，但是当暴露在科罗拉多州青山坝的干燥气候中时，就因干燥收缩而开裂了。

4. 未受干燥的混凝土

有可能制备出受干燥作用很小的混凝土。Larrard 和 Aitcin（1993 年）展示过一种混凝土：掺有 10% 硅灰、水胶比为 0.24，在 4 年后（21℃、相对湿度 50%）干燥深度只有 35mm。然而，即使避开干燥收缩，该混凝土还有另外三个问题——因塑性收缩、自生收缩和温度收缩产生的开裂。Paillere（1989 年）表明：这种混凝土如果受到约束，会在 4d 以内仅因自生收缩而开裂。

5. 用氯盐侵入试验证明干湿作用对渗透性的影响

大量研究者观察到：干湿作用会使氯化物富集在表面。含氯化物的水分经毛细孔吸入很快进入混凝土，随后水分从表面蒸发，留下来的氯化物就会因以后的循环而积聚。

图 69 和图 70 为两项干湿循环研究的试验数据。在这些由 McCarter（1996 年）与

Hope 和 Ip（1987 年）进行的实验中，粉煤灰没有什么效果，而矿渣是有害的。这与一向对"没受过大气侵蚀"的矿渣混凝土进行的研究成果相矛盾，但和矿渣水泥进行盐剥落实验（ASTM C 672）中表现不好的结果一致。该试验在冻融前要干燥 14d。

图 70 表明：干湿作用比其他因素，如水灰比、养护和水泥，对混凝土抗氯盐性能的影响更大。

表 11 概括的情况表明：经长时间湿养护后试验的粉煤灰和矿渣水泥表现很好；而模拟大气侵蚀条件的试验时表现不好。

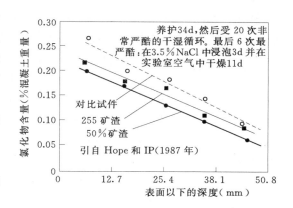

图 69　在适度的干湿条件下试验时，矿渣是有害的，而没有像图 66 描绘的未经大气作用条件下试验那样的益处

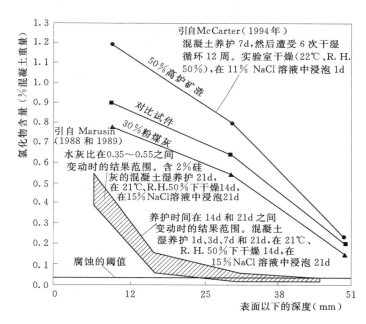

图 70　关于氯化物侵入混凝土，干湿循环的影响完全遮盖了水灰比、养护、粉煤灰和高炉矿渣在只干燥 14d 到 21d 的传统浸泡试验所量测的那样的作用

Ozildirim 报道：在弗吉尼亚州，矿渣水泥表现很好（除由于 529m^2/g 的高细度而产生塑性收缩裂缝外）。然而，弗吉尼亚的混凝土可能没有经受过 McCarter 在他的试验中采用的深度干燥，也没有经历过位于西经 95°各州在夏季经受的深度干燥。结论是：在潮湿气候中，锈蚀问题已经通过掺粉煤灰、矿渣或硅灰得到解决。然而，当它们在干燥气候中应用时就出现问题了，还有待于更符合实际大气侵蚀条件的试验来证实。

表 11   在长期湿养护后，粉煤灰和矿渣可明显改善混凝土的抗氯化物性能；养护期
缩短时，这种作用就较小；在典型的干旱地区，混凝土处于干湿循环的环
境下，可能经受相当干燥条件的影响，粉煤灰和矿渣的作用可能完全消失

预处理	研 究 者	水泥的取代物（%）	抗氯化物侵蚀的改善率（%）
湿养护 28d 或长期不干燥	Ramezanianpour 和 Malhotra（1995 年）	25 粉煤灰	500
		50 矿渣	600
	Sivasundarum（1992 年）	60 矿渣	600
	Maslehudden 等人（1990 年）	20 粉煤灰	400
		60 矿渣	500
	Haque 等人（1992 年）	30 粉煤灰	500
养护 7～14d 并干燥	Ozildirim 和 Halstead（1988 年）	25 粉煤灰	130
		50 矿渣	300
	Ozildirim（1994 年）	50 矿渣	300
	Saricmen（1995 年）	20 粉煤灰	200
养护 2d 并干燥	Ramezanianpour Malhotra（1995 年）	20 粉煤灰	40
		50 矿渣	—10
适度干湿循环	Hope 和 Ip（1987 年）	50 矿渣	40
长期干湿循环	McCarter（1996 年）	30 粉煤灰	10
		50 矿渣	—10

McCarter 得出结论：一旦研究者们采用符合实际的方法，如干湿变化制度，耐久性问题就能得到解决。1928 年，曾任 ACI 主席的 Bates 就混凝土外加剂的使用迅速扩展发出警告：实验室里的混凝土应当反映现场的混凝土。70 年前的这个劝告很少有人遵循，因为需要进行长期试验；快速试验反映不了通常干湿变化缓慢的影响，也反映不了混凝土自愈性的好处，而这些最终将在很大程度上决定混凝土的寿命。

我们已习惯于加速，因而不能反映实际的试验方式。就得"快速这样"、"快速那样"。如果不快，就得不到使用。不久，快速试验可能要被瞬时试验——甚至还没试验答案就有了（称之为预测）——所取代。预测通常运用几乎没有人懂的深奥数学，因为那些懂得数学比懂得混凝土多的人可以用公式来表述。

6. 桥面板和停车库的干燥会深达钢筋吗

由于含氯化物的水分易于迅速地被毛细孔吸入干燥的混凝土中，暴露于氯化物环境的混凝土结构的含水量就很重要。Cater 通过吸水试验证明：氯化物很快就进入处于加拿大阿尔伯特干燥气候中的混凝土。

1971 年夏季，Carrier、Pu 和 Cady（1975 年）测试了宾夕法尼亚州 Milesburg 附近传统桥面板混凝土的含水量，发现在配筋的高度上已经下降到 65%；在 25mm 的深度以下没有湿度梯度——除顶部 25mm 的干燥层外，整个板相对湿度都达到 65%。滑模摊铺成型的桥面板含水量高达 85% 左右（底面不干燥）；而路面板则接近 100%（路基能提供水分）。他们还发现：这三处混凝土工程的开裂和剥落程度与含水量成正比（图 10）。宾

夕法尼亚州气候潮湿，像所有东部各州一样，每年有 750～1000mm 的降雨。然而，西经 95°（堪萨斯城）地区的气候不仅干燥得多，而且周期性地出现大旱气候，因此可预计混凝土的含水量要比 65% 低得多。表 12 列出干旱年份不同地区条件的实例。

由于在宾夕法尼亚桥面板测到过 65% 的含水量，表 12 所列干燥地区的桥面板会干燥到远低于 65% 是肯定的。Bager 和 Sellevold（1996 年）发现：干燥到含水量仅 58% 的混凝土除出现微裂缝外，孔隙也会受到较大的损伤并形成连续的网状孔隙。

表 12 一些地方用于桥面板与停车库的混凝土因干燥使含水量降低的实例

年份	位置	夏季降雨量（mm）6~8 月	温度①（℃）	R. H②.（%）
1971	宾夕法尼亚州的 Milesburg	208② 与 282	28.9	54
1994	科罗拉多州的丹佛	53.3 与 117	29.4	35
1991	爱达荷州的 Boise	25.4 与 38.1	30	36
1989	新墨西哥州的 Albuqueque	50.8 与 86.4	32.8	26
1989	得克萨斯州 Amarillo	38.1 与 50.8	32.8	22
1988	堪萨斯州的 Wichita	99.1 与 271.8	32.2	78
1983	得克萨斯州的 Wichta	35.6 与 193	32.2	40
1979	犹他州的盐湖城	35.6 与 61	31.1	25
1976	俄克拉荷马州的俄克拉荷马市	96.5 与 244	32.2	79
1976	内布拉斯加州的 Omaha	124.5 与 292	29.4	56
1976	北达科他州的 Fargo	83.8 与 208	26.7	55

① 夏季中午。
② 第一个值表示干旱年份降雨量，第二个值是年平均夏季降雨量。

这些数据意味着毛细孔会通过吸水而吸入氯盐，而上述所有地区都使用了除冰盐。由于秋、冬和春季的干湿循环较少，氯化物会积聚在约 6.5mm 厚的表层；在夏季，由于混凝土受干燥作用，下第一场雨时，毛细孔通过吸水吸进残留在顶面的氯化物向钢筋传输。即使氯化物不立刻到达钢筋，也会通过离子扩散来传输。每经过一年，就有更多的氯化物积聚。在春季和秋季，当混凝土温度较高且内部仍然潮湿时，钢筋的锈蚀应当最迅速。

带顶盖的停车库不断地干燥直到最后与平均相对湿度平衡。因此，停车库劣化得厉害不足为奇。在很干旱的地区，混凝土的含水量会降到很低的水平，其吸水性可能非常大。富含氯化物的水分会被迅速吸进混凝土。停车库里的混凝土在水泥用量高时，还会因温度收缩和自生收缩而开裂，而裂缝为氯化物提供了到达钢筋的快速通道。

以上的分析是事实还是杜撰，可以通过对比不同气候下桥面板的劣化来确认。但是数据的收集还没有成效，因为各交通部还没有统一的量化锈蚀问题大小的方法，再者与温度收缩开裂有关的钢筋腐蚀的情况不得不剔除，因为这种裂缝与干燥现象无关。

White（1928 年）曾对混凝土进行了 20 年干湿循环试验。在看到大量混凝土开裂之后，他得出结论：必须找到一种方法保持混凝土的含水量稳定不变。当前的密封技术试图这样做。有人建议，不要在观察到混凝土开始劣化时再用渗透型的密封材料封住混凝土，而是在浇筑后立刻就把混凝土的上下表面密封起来以减慢干燥速率，延缓对含氯盐水分的吸收。Pfeifer 和 Scali（1981 年）的试验表明：环氧可以这样用。然而要强调指出：与必要的再利用费用相比，密封材料的效果也远不令人满意。在德国，桥面板照例用环氧树脂密封。

［除 冰 盐 剥 蚀］

良好的引气体系对于抗除冰盐剥蚀是很重要的。1996 年，弗吉尼亚州通过把含气量从 3％～6％提高到 5％～9％，显著减少了剥蚀，一直沿用到现在。胶凝材料的影响显著：

（1）粉煤灰。Bilodeau 等人（1994 年）发现：粉煤灰混凝土在大多数标准耐久性实验中表现良好，但结论是："唯一例外的是除冰盐剥蚀，在该试验中，混凝土的性能不大令人满意。"

（2）矿渣。Stark 和 Ludwig（1977 年）："与硅酸盐水泥混凝土掺引气剂有时效果不好相比，矿渣水泥混凝土的抗盐冻能力往往还要差些。"

（3）硅灰。有一些关于硅灰的结果——Jacobsen 等人（1997 年）发现掺 5％的硅灰按 ASTM C 672 试验是有益的，除非采用先在水里养护 80d 这种有点极端的预处理方式。

Bilodeax 和 Carrette（1989 年）采用 ASTM C 672 时发现：掺 8％硅灰使剥蚀稍有增大；还发现：水灰比在 0.40～0.65 的范围，混凝土经盐冻的等级达到 1 级，表明有良好气孔体系的混凝土，没有必要采用低水灰比。该混凝土含气量为 6％～7％。

Langlois 等人（1989 年）用 ASTM C 672 进行过两项研究（另一项在 1987 年）得出结论："很显然，在有除冰盐存在时暴露于冻融循环作用的混凝土中掺硅灰没有好处。"

Neville 在他 1996 年出版的书里拒绝讨论硅灰的作用，因为不同研究者的结果是那样地相互矛盾。

（4）养护。上述研究表明，其他一些因素比硅灰对剥蚀有更大作用。Langlois 用过两种养护剂，其中一种比另一种明显要好。Jacobsen 表明，在冻融循环开始时，混凝土的含水量影响显著，结论是：ASTM C 672 规定的 14d 干燥期对加拿大魁北克的气候能提供可靠的结果，那里每年的降雨量约 1000mm。笔者则认为：ASTM C 672 对气候干燥地区——粗略地说西经 95°（堪萨斯市）的那些混凝土是不够的。在一个干燥的夏季，3 个月期间仅几英寸的降雨（表 12），会使表层混凝土出现严重的微裂缝，易受冻融作用影响。

已经得知：当混凝土表面有一薄层水泥浆或细砂浆时，它们往往会剥落而不会进一步受损伤。这会使剥蚀试验的结果模糊不清。Bilodeax 和 Carrette 进行试验时用硬金属丝刷子去掉了这一层。

混凝土干燥时由于表面产生微裂缝而易于剥蚀，因为微裂缝加剧其受冻融时的弱点。品种相同而来自不同水泥厂的硅酸盐水泥抗裂性差别很大，提出抗裂水泥（粗磨、低碱与低 C_3S）的优越性是合理的。其他耐久性试验已经表明存在"水泥的影响"，但从未用 ASTM C 672 盐剥蚀试验来评价过水泥的影响。

ASR 的误诊

一些报道为 ASR 的判例其实是高碱水泥干缩特性的结果。

1940 年 Atanton 在加利福尼亚州发现 ASR，是由于骨料中的蛋白石和含碱 1.42％的水泥之间发生膨胀性的反应所造成。该膨胀造成严重开裂，然而干缩也起了作用。Meissner（1941 年）在派克坝上钻孔并安装仪器获得的数据表明，该混凝土在 1.5～2.7m 深处明显地发生膨胀，在 0.76～1.50m 深处稍有膨胀，但在 0.76m 以内则收缩；裂缝宽度约为 2.8mm，但仅有 152～203mm 深。他说："表面裂缝与其干燥收缩到某种程度相关，裂缝的深度表明了这一点"。靠近水的边缘处，裂缝没有进一步发展；表层的混凝土也没有干燥到别处那样的程度。因此，这种劣化不仅是 ASR 所引起，也是含 1.42％当量 Na_2O 水泥的收缩特性所造成。

显然，混凝土表面裂缝的开口只显示表面和内部有相对位移；无论是表面变小（收缩、减缩），还是内部变大（膨胀、增大），外观看上去可能一样。在派克坝，两种情况都发生了；在青山坝只发生了收缩。

自那时起，已经有很多次开裂作为 ASR 报道的实例，很可能是出自高碱水泥的收缩特性。在派克坝发生事故之后，Tremper（1941 年）首先向 ACI 报告了另一种 ASR 情况。Tremper 展示了一幅照片（图 71），显示一座桥护栏顶角发生劣化。墙的上部，尤其边角处，是桥梁最干燥的部位；而 ASR 只发生在相对湿度 80％以上的情况下，笔者相信该劣化不是 ASR 所引起，而是由于高碱水泥干缩特性造成微裂缝的混凝土受冻融作用引起的。Tremper 和 Stanton 可能是误诊成 ASR 了。

Tremper（1941 年）发表了他作为 ASR 实例的照片。但是 ASR 要求水分，注意墙的上面干燥的部分更多的开裂。ASR 要求 R. H. 大于 80％。Daivid Stark 也不认为角部的破碎是 ASR。笔者相信该劣化是由于来自干燥收缩的微裂缝加上后来冻融的破坏。Hadly（1968 年）在堪萨斯州寻找 ASR. 他评论了许多开裂的护栏而断言干燥收缩是有的。他把它叫做"水泥—骨料反应"。火山灰用于解决这个问题，其有效性是很可疑的。（见"粉煤灰"一节）。

图 71　不可信的 ASR 误诊。这种劣化是干燥收缩引起的，但类似水泥-骨料反应（Hadley 在堪萨斯州发现许多开裂了的护栏）

Stanton（1942 年）发现派克坝的 ASR 以后，在加利福尼亚州搜寻其他案例。他认为他找到了的一个案例不在潮湿的加利福尼亚州，而是在 Fresno——美国最干燥的地区之一。

在 1941 年炎热的夏季，连续 4 个月一点也没下过雨，因此很可能干缩才是罪魁，并非 ASR。

Stark（1991 年）曾综述过这样的一问题：在混凝土内保持多少水分，以便在最小相对湿度 80％时，使所观察到的 ASR 产物在干旱地区大坝上靠近表面的区域和诸如护栏之类的薄壁构件中得到发展？他发现：在亚利桑那州 Phoenix 附近的 Steward Mountain 坝上部薄构件（护栏）中，暴露在大气中的混凝土表面约 50～200mm 的 R. H 大于 80％。取平均深度为 125mm，可见栏杆上的裂缝也许是由于外部的干燥收缩，也许是内部混凝土的 ASR 膨胀所造成，也许两者都有。由于有像青山坝那样预先设置测点，即使经过岩相检验，也不可能进行准确的诊断。因为 ASR 可以在不产生任何膨胀的情况下发生。

当 Hadley（1968 年）在堪萨斯州研究他确信与 ASR 有关的混凝土劣化时，同样发现桥的护栏（桥梁最干燥的部分）严重地开裂。Meissner（1942 年）发现：使用高碱水泥时出现开裂，但在骨料为非活性的情况下，该水泥没有反应。因此，他规定 USBR 在所有大型工程中应使用低碱水泥而无论骨料是否具有活性。加利福尼亚州交通部也遵循这项规定。

Ferrer、Camacho 和 Catalan 在 1996 年 ACI 大会上提交了一份报告，题为《一个在荒漠环境里混淆混凝土结构碱-骨料反应的案例》。该报告描述了在一座墨西哥电厂出现的开裂现象。该工程选用了 II 型水泥以降低温升并提高抗硫酸盐性能，虽然能买到的 II 型水泥含碱量达 1.3％（几乎和派克坝所用水泥一样多），但还是选择了它，因为他们觉得在干燥环境里不会出现 ASR。几个星期以后，裂缝就出现了，并且开口最宽处达 9.5mm。于是进行了一场紧张的研究工作。ASTM C 259、C289、C227 和 C342 试验的结果表明：细骨料有碱活性。但是用 ASTM C 856 进行了 5 年的定期芯样检验结果表明：没有发生 ASR 的证据。他们的结论是：发生了两种不同的反应，一个是产生早期开裂的"不了解的"反应；另一个是多年后才出现，发展非常缓慢，曾认为在湿度非常低的荒漠地区不会发生的典型 ASR 反应。

以上案例与青山坝的情况非常接近，只是因为环境非常干燥而发生快得多而已。

Lehigh 水泥公司的 Neal（1996 年）送给笔者一张弗吉尼亚州一爿墙的照片。这爿墙与典型的 ASR 外观相似，与青山坝的 43－4 号板几乎一样。据 Neal 观察，也没有膨胀发生，因为胀缝材料在缝隙中是疏松的。他说：ASR 被弗吉尼亚州交通部看成一个有普遍性的问题，其实需要关注的正是许多混凝土发生不幸的案例被误诊。

总之，在干燥气候里，高碱水泥会引起干缩裂缝，而观测到的这种现象有时被误诊为 ASR。误诊为 ASR 可能会衍生出严重的后果。例如，怀疑骨料就去做试验，而用 ASR 即时快速检验的结果表明它无害，于是得出该 ASR 实验条件不够严酷的结论；然后推出新的、更苛刻的 ASR 检测方法。这样发展下去逐渐成为：世界上大多数骨料最后都被"证明"是活性的。事实上，笔者相信现在几乎就到了这一地步，因为花岗岩都已经被宣布是活性的了。

解释水泥—骨料反应的假说

在内布拉斯加州、堪萨斯州和其他干旱地区，使用活性骨料时发生的劣化，有时收缩作用大于 ASR 作用，而这种劣化开始被叫做水泥—骨料反应。在 ACI 的混凝土实用手册中对此的解释则根据 Hadley（1968 年）开发的理论。Hadley 在堪萨斯州观察了许多开裂的护栏，承认涉及干燥收缩。然而，用低碱水泥的（0.6 % Na₂O 当量）也出现网状裂缝，他的理论是：碱在混凝土中因自然的干湿循环而浓缩，在本质上是由低碱水泥向高碱水泥转变。笔者不能同意这种理论，因为靠近表面的 ASR 膨胀会产生剥落，而不是开裂。

笔者对水泥—骨料反应提出不同的解释：水泥中的碱对劣化的影响不是通过 ASR，而是影响水化硅酸钙凝胶的形貌，降低水泥浆体黏结的质量和抗裂性，减小与石子"胶粘"在一起的能力。笔者相信，问题集中在内布拉斯加州的堪萨斯地区有两个原因：气候干燥和某些骨料很难胶结在一起，甚至含碱量 0.6% 的水泥也不能胶结得非常好。事实上，产自里帕布利肯河的某些骨料如此难以胶结在一起，以至要求水泥的含碱量只有 0.2%（Porter 和 Harboe，1978 年）。这种含碱量 0.2% 的水泥优于含碱量 0.6% 水泥的说法不是依据对 ASR 的考虑，而是依据 Blaine 的工作，其表明当含碱量从 0.6% 减小到 0.2% 时，水泥浆体抵抗干燥收缩开裂性能明显地提高，如图 20、图 21、图 26 和图 29 所示。

回到为什么某些黑帕布利肯河的骨料如此难以与水泥浆体胶结在一起这一问题上来，Porter 和 Harboe 所实验的骨料很可能存在四个问题：粗骨料不足；砂子的级配缺少小于 30 号的细颗粒；长石晶体颗粒黏结性非常差；且热膨胀特性是各向异性的。因此，骨料-浆体的黏结不能经受 25 年的冷热、干湿和冻融循环，除非使用最好的胶结料——水泥理想的是粗磨、低 C₃A、低 C₃S 且含碱很低，用量适中——意味着保持水灰比在 0.50 以上，以消除自生收缩产生的拉应力和保持一些徐变能力。无论硅灰，还是粉煤灰都不要添加（见下一节）。还应当提及的是水灰比越大，ASR 产生的膨胀越小（图 44）；引气作用可以使混凝土不会遭受冻融循环破坏，即使水胶比高达 0.75（图 45）。

Porter 和 Harboe 还发现用 30%～45% 的石灰岩代替砂—砾石作为骨料时，含碱 0.49%（Na₂O 当量）的水泥提供了 25 年良好的耐久性。为什么加了石灰岩骨料耐久性就好，可能有 3 个原因：整体收缩减小；干缩速率和程度因大颗粒阻碍水分散失而减小；石灰岩—浆体的黏结好，有助于改善混凝土的整体性，尽管有膨胀力。然而，某些石灰岩易受冻融破坏。

总之，水泥中的碱对水泥—骨料反应的作用，是通过降低水泥浆体的延伸性（抗裂性）起作用的，而 ASR 可能存在，也可能不存在。

以上假定的理论与青山坝的经历、墨西哥电站的劣化，以及使用高碱水泥和一种已有良好服务记录的骨料时发生开裂的谜团是一致的。它还能解释为什么一特定的混凝土拌和物，已通过了标准实验室的 ASR 试验，而后来在现场却不行（反之亦然）的原因。下一节将叙述 USBR 的粉煤灰实验这个典型的实例。

［ 粉 煤 灰 ］

> USBR 的实验表明：粉煤灰在实验室里表现好而暴露于室外大气中时则不好。

1. USBR 的粉煤灰试验

粉煤灰是一种非常有用的材料。使用它的原因出自经济、降低水化热和渗透性、改善和易性和可泵性、降低能耗（因为是一种工业废料）并减少 ASR。在德国，将粉煤灰掺入水泥解决桥面板的开裂问题；而在美国，其功能是保持和易性，因而水泥用量可减少到 $280kg/m^3$。然而，粉煤灰不是解决所有问题的万灵药。根据表 13 所示 USBR 25 年的试验发现：在干旱地区且使用劣质骨料时，掺粉煤灰确实弊大于利。在堪萨斯州和内布拉斯加州地区混凝土有害的开裂被称为水泥-骨料反应，是由 Porter 和 Harboe 和 USBR 的其他人研究的（报告编号 REC－ERC－78－5）。该项工作涉及 324 种混凝土拌和物，延续了 25 年时间。在丹佛附近一个用混凝土建造的农场里将它们暴露达 25 年，并与 7 种快速耐久性试验和 ASR 检测结果进行比较。试验用了 10 种火山灰，结果发现：没有哪一个试验室结果能对 25 年后的情况得出预测。USBR 递交的报告还说：火山灰成了不祥的预兆，因为碎裂的混凝土中多半有火山灰存在。特别麻烦的是：因为选择火山灰进行试验是基于它在加速试验中出色的表现，例如硬质玻璃试验、砂浆棒的存放试验、Scholer 的 310 循环试验和 Conrow 的循环试验，所试验的火山灰品种之一是粉煤灰，其数据示于表 13。

表 13　　　　USBR 用两种不良的堪萨斯州和内布拉斯加州骨料
进行 25 年粉煤灰混凝土的试验表明它对耐久性有害

编号	KN 拌和物 编号	水泥		粉煤灰 (%)	冻融循环 起始龄期		膨胀 (%)		25 年后用肉眼观测		
		编号	Na$_2$O$_{eq}$		28d	14＋166[①]	310 次 循环[②]	实验场 3 年[③]	板	棒	评论
里帕布利肯河骨料　最大粒径1/4 in（6.4mm）											
1	2	7488	1.19	0	98	98	0.32	0.28	很差	差	开口裂缝
	114	7488	1.19	10	90	140	0.30	0.16	差	很差	开口裂缝
	115	7488	1.19	25	40	140	0.20	0.08	差	很差	开口裂缝
粉煤灰混凝土的条形试件 3 年时比原来还好，但到了 25 年所有的都坏了											
2	117	4482	0.59	0	120		0.21	0.00	好的	破坏	无裂缝
	118	4482	0.59	10	70	220	0.30	0.01	破坏	差	稍微开裂
	119	4482	0.59	25	50	240	0.07	0.02	差	很差	开口裂缝
用中碱水泥，只有不掺粉煤灰的混凝土幸免；掺 25％ 粉煤灰的混凝土通过了 Scholer310 循环的 ASR 实验，但 25 年后却是最差的											

编号	KN拌和物编号	水泥		粉煤灰（%）	冻融循环起始龄期		膨胀（%）		25年后用肉眼观测		
		编号	Na₂Oₑq		28d	14＋166	310次循环	实验场3年	板	棒	评论
3	282	8184	0.22	0	90	200	0.02	0.00	好的	好的	稍微开裂
	283	8184	0.33	25	90	180	0.03	0.01	很差	很差	开口裂缝
	284	8184	0.36	25	90	150	0.03	0.03	差	差	开口裂缝
	285	8184	0.34	25	90	210	0.05	0.01	差	差	开口裂缝
	用含碱很低的水泥并与粉煤灰以3种方式混合，粉煤灰破坏了混凝土的耐久性										
	内布拉斯卡 KINBALL 的骨料，Walt Rodman Pit，最大粒径 38mm										
4	68	7488	1.19	0	30	50	0.86		很差	很差	开口裂缝
	120	7488	1.19	10	90	80	0.38		差	很差	开口裂缝
	121	7488	1.19	25	90	80	0.20		很差	糟糕	开口裂缝
	尽管用活性骨料的 Scholer 310 干湿循环实验中，粉煤灰表现很出色，25年后却不行										
5	105A	7488	1.19	0	290		0.47		差	差	开口裂缝
	125A	7488	1.19	10	290	570	0.26		差	很差	开口裂缝
	126A	7488	1.19	25	260	490	0.09		差	差	花样裂缝
	混凝土引气 5.5%，加 25%粉煤灰在 Scholer 310 实验中很有利，但 25年现场暴露几乎没有好处										

注 Scholer 教授的实验：在 54℃温度下干燥 8h，然后在 21℃水中放置 16h；经 310 次冻融循环后膨胀率 0.07% 为破坏。

① 标准养护 14d 后，再自然存放 166d；

② Scholer 教授的实验：在 54℃温度下干燥 8h，然后在 21℃水中放置 16h；经 310 次冻融循环后膨胀率 0.07% 为破坏；

③ 在实验场自然条件下存放的砂浆棒。

试验结果概要：

（1）用高碱水泥时（第1、第4和第5项试验），粉煤灰在实验室 ASR 和水泥—骨料反应的加速试验结果是不错的，但是所有混凝土 25 年的现场暴露试验都不行。

（2）用中碱水泥、不掺粉煤灰的对照混凝土室内试验不行（试验编号 3），然而 25 年现场暴露情况不错；掺了 25% 粉煤灰的混凝土通过了实验室检测，而现场暴露了 25 年的出现开裂，情况不佳。

（3）用低碱水泥的所有混凝土都通过了实验室检测，但掺有 25% 粉煤灰的混凝土暴露 25 年后破坏了。因此结论是：

1）实验室加速试验形成一种掺粉煤灰有利而实际上是不利的误导。

2）粉煤灰和其他火山灰不能解决如堪萨斯州和内布拉斯加州遇到的水泥—骨料反映问题。

在下一节提出了一种试验方法（图 73），以确定添加非常粗的水泥颗粒是否比掺粉煤灰要好。因为堆积密实、不透水、抗裂的胶凝材料保持高度的延伸性（抗裂性）。

2. USBR 的其他试验

Mathes 和 Glantz（1953 年）测试了 81 种细度在 200～600m²/kg 之间的粉煤灰。28d 砂浆的干缩在 0.051%～0.094%之间。他们建议最大限值为 0.06%，而那 81 种粉煤灰中的 46 种都超过了上述限值。细颗粒意味着塑性收缩、自生收缩和干燥收缩较大。

Flack（1961 年）报道了对 200 种火山灰混凝土拌和物（约 5000 个试件）的试验结果，结论为："根据丹佛附近和部分西北各州半干旱条件暴露 10 年的素混凝土外观来看，粉煤灰、火山灰烬或烧页岩不宜用于暴露在大气侵蚀条件下的混凝土"。引气混凝土使用 10 年后是令人满意的，但应指出使用的是来自 Clear Cleek 的优质骨料；如果使用劣质的骨料，如来自里帕布利肯河的长石砂砾石骨料，或者所用水泥的含碱量要比 Flack 的研究所用的 7 种低碱水泥高时，结果很可能就不一样了。

Briggs 和 Porter（1966 年）报道见表 14。

表 14　引气混凝土湿养护 14d，然后在 22℃、相对湿度 50%下干燥 76d 的抗冻融性能

粉煤灰（%）	冻融循环次数	粉煤灰（%）	冻融循环次数
0	800	20	490
10	620	30	340

USBR 认为少于 500 次循环是不能令人满意的。

Elfert（1973 年）发现：根据 ASTM C 666 进行冻融试验，养护良好、引气的粉煤灰混凝土经受了 2400 次循环；而不掺粉煤灰的对比混凝土只经受住 1100 次循环。然而，养护 14d 并在丹佛用混凝土建造的农场大气侵蚀条件下暴露了 1 年的混凝土试件仍然能经受 1100 次循环，掺有粉煤灰的试件则只经过 380 次就不行了。这些结果与 USBR 另一些表明大气侵蚀使粉煤灰混凝土退化的试验相一致。它还表明：引气作用未必能保护粉煤灰混凝土。这种退化很可能是由于大气侵蚀过程产生了微裂缝。这与粉煤灰混凝土在干燥 14d 后再进行盐冻试验时就更易于剥落是一致的，因为混凝土在冻融前表面就出现了微裂缝。

Von Fay（1995 年）报道：引气混凝土的抗冻融性随粉煤灰掺量增大而削弱，但大多数都被判定有足够的抗冻性（没有用室外暴露试件评估大气侵蚀导致微裂缝的影响）。

Deberke（1993 年）报道：爱荷华州 520 公路一些路段正在劣化，而掺粉煤灰的路段则没有。开始认为是由于 ASR，后来归咎于延滞性钙矾石形成，最后归因为含气量不够。粉煤灰混凝土易受冻融影响。

Parker（1996 年）根据对粉煤灰广泛的调查写道：日本由于粉煤灰混凝土易于开裂而不允许使用。还提到在澳大利亚的昆士兰，诊断了 35 处施工现场的破坏，认为是由于施工的 1～3 年内使用了粉煤灰所引起。此外，在密西根、爱荷华和田纳西州也报道了粉煤灰混凝土的问题。

粉煤灰与好水泥、好骨料一起，并在温和的气候中使用是安全的。在德国获得良好的结果。Springenschmid 成功地在桥面板中使用了 280kg/m³ 水泥和 60kg/m³ 粉煤灰的混凝土拌和物。这可解释为由于气候和骨料质量的差异。粉煤灰和好骨料在潮湿气候中制备出

耐久的混凝土；而粉煤灰和劣质骨料在普遍出现微裂缝的干燥气候中生产的混凝土不耐久。粉煤灰、易开裂的水泥、干燥的气候，加上光滑的、单晶长石与石英的骨料凑在一起肯定要破坏。把所有的问题都归因为粉煤灰是需要注意的，因为水泥的延伸性及其与骨料黏结的质量也包括在内。Mather 常说：混凝土的劣化总不止一个原因。

IV 型水泥因使用粉煤灰来降低水化热已经被废弃，但它在 Blaine 开裂试验、PCA 用于与公路结构和青山坝长期研究以及其他试验项目中表现出色。犹他州交通部的 Butterfied 期盼着还能用上这种水泥。

上述关于粉煤灰混凝土的报道使笔者想到可以用下列试验项目确定：是否掺 30％粗磨水泥，而不是 30％粉煤灰，可以制备出抗裂性远好得多的混凝土？这种探索是一种尝试，回到过去那种也许建筑业能够接受的使混凝土耐久的方法。

建 议 的 试 验 项 目

目标：生产低水灰比、不易开裂且抗氯离子侵入的混凝土。

制备完美混凝土的任何尝试都要遇到困难的选择：如果你用很少的水泥，混凝土抗裂但透水；如果你用很多水泥，则混凝土强度高而不透水，但会开裂又变成透水的了。在水泥用量太少和太多两个极端之间也没有完美的混凝土，因为如果你增加水泥用量直到混凝土不透水（水灰比为 0.40），就已经太脆而几乎没有徐变能力去经受因高水化热而增大的温度收缩、自生收缩和干燥收缩造成的高拉应力。

相信使用 1928 年的水泥，可以在水灰比为 0.40 条件下制备致密的胶结料，并保持良好的徐变和延伸性。在对丹麦的一条老混凝土道路研究中，Jensen 发现：水灰比低到 0.40 的致密胶凝材料没有开裂的迹象，未水化的粗水泥颗粒仍存在。这条公路的部分路段自 1934 年就已经开始运营了。

为得到脆性较小的致密胶凝材料，有时掺加粉煤灰或矿渣，还降低了水化热。纽约州正采用这种办法。然而，鉴于前述 USBR 的经验，笔者怀疑在科罗拉多州、内布拉斯加州或堪萨斯州的干燥气候下是否能够解决问题。

建议进行一项添加很粗的水泥而不是粉煤灰的试验。现今最大的水泥颗粒和最小的砂粒之间存在着间断级配（图 72）。粗水泥颗粒可以填充它们的间隙，为自愈提供未水化水泥的水源，增大徐变能力，并在水泥浆体里起到阻裂的作用。

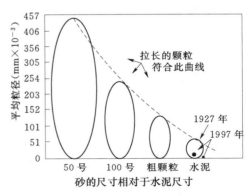

图 72 现在水泥的间断级配

应当从圈流磨中取走选粉机来生产用于试验的水泥，这样的水泥颗粒就是连续级配，而不是同一个粒径（Mather 提出的建议，建议的试验项目见图 73）。试验混凝土的延伸

很老的、不开裂的混凝土结构仍然存在。通常它们是致密而低水灰比的。当现代的快硬水泥在低水灰比下使用时，因温度收缩、自生收缩和干燥收缩的问题加剧了。经常需要以 30% 的粉煤灰替代品减小应力。虽然粉煤灰混凝土在实验室表现好，但在 USBR 进行的 25 年室外暴露试验中（如同其他火山灰）是有害的。该试验的目的是测定用很粗的水泥颗粒取代 30% 的水泥，是否会制备出致密的、低水灰比的、具有抗裂性并足以抵抗氯离子侵入的混凝土。这两种性质正相反：强度高的混凝土易裂，而渗透性较小；强度低的混凝土较不易裂但渗透性较大。该项试验的思路是制备不透水又不易裂的低水灰比混凝土，而且不求助于粉煤灰和高炉矿渣，这二者在严酷气候或骨料不佳时长期耐久性都有问题。该计划包括四个阶段。

如果Ⅰ阶段和Ⅱ阶段成功，就可用钢筋约束的混凝土试件进行长期室外暴露试验。试件要放置在两个地方（干燥的和潮湿的）受冻，定期地施加除冰盐。

Ⅰ阶段——在水泥浆体中测定是否粗水泥比粉煤灰有利。

用 0.40 的水灰比和高碱（大于 0.8%）的Ⅱ型水泥

（1）对比试件——不掺粉煤灰。

（2）用粉煤灰取代 30% 的水泥。

（3）用很粗的水泥颗粒取代 30% 水泥。

用一低碱水泥重复上述 3 种拌和物试验（小于 $0.2Na_2O$ 当量），改变含碱量是重要的，因其对收缩开裂的影响（温度收缩和干燥收缩两者）。对这 6 种水泥浆体进行 Blaine 圆环收缩试验，测定在干燥收缩条件下的延伸性。还应当制作直径 75mm、高 150mm 的圆柱体，养护 14d 后在室温下干燥，用照片或绘图记录裂缝。如果用粉煤灰和粗水泥的浆体之间没有差别，该试验计划就此为止。

Ⅱ阶段——在混凝土中，测定是否粗水泥比粉煤灰有利。

如果阶段Ⅰ是成功的，就制作 6 种混凝土条形试件，用 RILEM 实验 TC 119 量测在温度收缩条件下的抗裂性。接下去，缩小 TC 119 试件尺寸量测混凝土在干燥条件下的抗裂性。

Ⅲ阶段——对确定为延伸性较高的混凝土试验抗氯盐性能。

如果Ⅱ阶段表明在混凝土中掺粗磨水泥优于粉煤灰，则要进行Ⅲ阶段试验，目的是检测抗氯化物性能，并测定加少量硅灰（2%～4%）和粉煤灰（10%～15%）的影响。应使用氯盐浸泡试验（不是 RCPT），除了混凝土需先经过 McCarter 博士所用的进行 6 次干湿循环预处理以外。因为他表示：这种更现实的方法显著改变了试验结果。高炉矿渣和粉煤灰在这种试验中没有显示出好处。

Ⅳ阶段——水灰比增大到 0.53 进一步改善延伸性。

水灰比增大到 0.53，以进一步改善延伸性，同时希望保持抗氯盐性能。

注：Mather 检查了这个计划，建议不用选粉机制水泥，于是其颗粒粒径形成级配，否则都一个粒径。

图 73　该实验计划试图通过一实用方法制备出致密的、不渗透的、抗温度收缩和干缩开裂性能优异的混凝土。如果成功，就用更高的水灰比重复试验，并在室外暴露几个月后量测氯盐的浸透试验。不要用 RCPT。浸泡试件应当在不同深度取样，像 Marusin 那样进行氯化物测定试验

性可以用约束开裂试验来量测因温度收缩、自生收缩和干燥收缩引起的应力造成的开裂。希望得出掺入 30％粗磨水泥比掺入 30％粉煤灰有利得多的结果。配制颗粒分布从 0 到最大粒径粗骨料之间连续、平滑级配的混凝土是很有意思的。建议用 2％硅灰、18％粉磨至 590m²/kg 的高炉矿渣，50％细度为 340m²/kg 的普通硅酸盐水泥和 30％很粗的普通硅酸盐水泥颗粒。

混凝土对大气侵蚀作用的适应

> 迅速获得强度的混凝土可能会失去对大气侵蚀的适应性。

一个计划去攀登喜马拉雅山的人，没等到强壮和成熟的 21 岁，就要承受爬山的压力，他就应当尽早开始适应的过程。同样，未成熟的混凝土易于适应冷热和干湿变化产生的应力。图 17 表明：早龄期混凝土较少因干缩微裂缝而破坏；图 36 表明：水化慢的水泥较少因暴露在大气侵蚀环境中 1 年就破坏；图 38 表明：慢硬水泥混凝土的强度增长直至 50 年，而其他混凝土仅 10 年强度就开始倒缩。Lemish 和 Elwell（1969 年）对爱荷华州路面芯样的研究得出结论：强度增长较慢与长期性能有较好的相关性（该州有些路面强度发生了倒缩）。

水化慢的水泥保持徐变能力，防止开裂，维持其修复裂缝的自愈能力，如果在受到大气侵蚀几年以后仍能够保持这种能力就好了。相信用慢硬水泥的混凝土开始由于大气侵蚀作用也开裂，但以后能稳定并自愈；而用快硬水泥的混凝土可能不稳定，而继续微裂直到最后因冻融作用而破坏。如图 37 所示，引气作用不能保护已经微裂很厉害的混凝土；图 74 表明了适应的过程。碳化可看作为适应过程的一部分，因为它可以愈合裂缝并使混凝

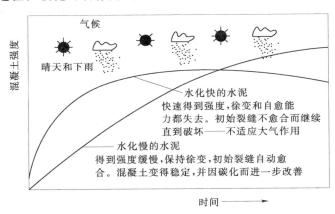

图 74　混凝土能自适应大气侵蚀吗

土保护层致密。一些罗马时代建造的水渠缓慢获得的强度只有 10MPa，但持续了1500 年。

1. 自愈合

在前述的适应过程中，自愈肯定起重要的作用。而实验室的加速耐久性试验就从未能体现出自愈所能起到的重要作用。如 Abrams 和 Gilkey 等许多研究者都描述过混凝土强度试验后，破坏了的圆柱体如何被丢弃在户外而在几年后又获得了和原来几乎一样的强度。

Gilkey（1926 年）一次特别有趣的发现：几块断板上已经粉碎的、低水灰比的高强混凝土没能自愈；但是低强度的混凝土试件整个断面被均匀碾碎了，以后却几乎又恢复了原来的强度。

Laver 和 Slate（1956 年）发现：当断开的抗拉强度试件稍微施压在一起时，会恢复约 25% 的强度。其胶结剂是 $Ca(OH)_2$（波特兰石）。Dhir 等人（1973 年）将砂浆圆柱体加载到强度破坏，而发现强度经常又能完全恢复。他们发现水灰比为 0.58 的比 0.25 的混凝土愈合得好。

一些研究者们报道：早期形成的微裂缝有时消失了。另一些研究者发现，冬季冻坏的混凝土在次年夏季表现出动弹模得到改善。Hearn 等人（1994 年）报道：甚至有 26 年龄期的混凝土中也出现自愈现象，在渗透性试验时水流通过混凝土逐渐减小可以证实。

未水化水泥量越大，自愈能力越强——粗磨水泥的优点。不延长养护期，就能维持更大的自愈能力（Mather，1993 年）。

2. 碳化

碳化因为增大干缩和降低碱度使钢筋受锈蚀而名声不好；另外，碳化使混凝土保护层致密。图 75 表明，用粗磨水泥制作的砂浆试块碳化到深得多的地方而抗拉强度也高得多。Washa 和 Fedell（1964 年）发现：碳化提高抗压强度。以前未发表的 USBR 实验表明（图 76）：用粗磨水泥制备的 50mm×50mm 砂浆棒更抗冻融。切开一根用粗磨水泥制备的砂浆棒观测断面，其碳化深度为12.7mm，里面的部分抗冻融性较差。外壳的裂缝是由于内芯的膨胀引起的。显然，碳化降低混凝土的渗透性，可用于解释为什么有些公路路面板随时间推移而变得不会剥落。Miura 和 Ichikawa（1997 年）观察到由于 ASR 产生的裂缝使二氧化碳容易进入，生成的碳酸钙填充裂缝对混凝土有利。

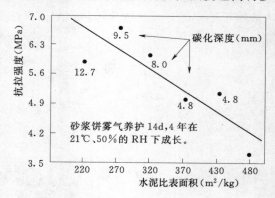

图 75　粗磨水泥的碳化较深而变得更坚固。碳化大多是靠近表面的作用而降低表面的渗透性

外部碳化层的裂缝是由芯部冻融循环的膨胀造成的。不过,因为碳酸钙封住了收缩裂缝,外部碳化层很少受冻融的影响。

暴露在冻融循环中的所见断面

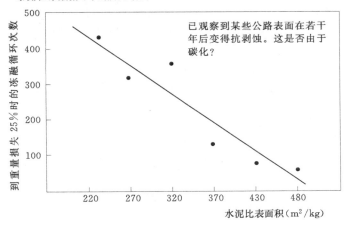

已观察到某些公路表面在若干年后变得抗剥蚀。这是否由于碳化?

图76 碳化有利于用粗磨水泥的抗冻融性,一个降低渗透性的现象

解决混凝土耐久性问题

　　Mather（1980 年）的问题还远未得到解决。他说:"针对每一种特定环境中特定的用途,混凝土有关的性能达到什么样的水平恰好是临界的,要想了解这一问题还有漫长的路要走"。

Mather 提出了 4 个为什么我们还没有解决问题的理由:

(1) Mather 经常说:当混凝土劣化时,通常原因不止一个。

(2) 涉及 30 多个变量（列于图77）。混凝土的性能、混凝土的应用和混凝土的微气

Bryant Mather：
"针对每一种特定环境中特定的用途，混凝土有关的性能达到什么样的水平恰好是临界的，要想了解这一问题还有漫长的路要走。"

引自"Use less cement"，Concrete International/Ovyober 1980.

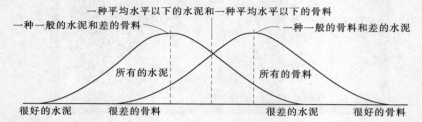

图中灰色区域的混凝土，如果暴露在一种不利的微气候中，就会受到所列 30 个因素中某些联合因素的影响而劣化。改变个别的因素可影响劣化的程度。我们可能从不知道每一个因素的相对重要性，因为如果有一种干燥环境，又变成一种较潮湿的环境，就会改变其他各因素的相对重要性。

不利因素		对耐久性的影响
水泥特性	高碱	这些因素使硬化快、徐变损失迅速，并使混凝土在温度收缩、自生收缩和干燥收缩期间的延伸性较小（易于开裂）
	高 C_3S	
	高 C_3A	
	高 SO_3	
骨料特性	光滑的表面	力学黏结性差
	圆的外形	多棱角外形有助相互嵌锁
	活性的	会产生 ASR
	高孔隙率	对收缩和冻融不好
	低模量	增大整体干燥收缩
	不均匀的级配	增大水泥用量
	最大粒径小	增大整体干燥收缩
	含泥量高	增加整体干燥收缩
	热膨胀系数很小	可能是一个问题
拌和物特性	高水泥用量	增大易裂性
	低水泥用量	增大渗透性
	高用水量	增大整体干燥收缩
	高细度的火山灰	对自生收缩和干燥收缩不利
	高效减水剂	某些是有害的，可能性太大
	早强剂	减小徐变，会增大收缩
浇筑特性	材料温度高	浇筑后温度收缩较大
	环境温度高	加速水化和收缩
	表面的蒸发率大	会产生塑性收缩裂缝
	长时间养护	混凝土较脆并易裂
环境特性	气候干燥	混凝土干燥和裂缝较多
	混凝土防雨雪	干燥不受天气的阻止
	混凝土位于地面以上	水分无法由地下补充
	混凝土位于可能受冻处	是否引气了
	存在氯化物	锈蚀钢筋
	存在硫酸盐	侵蚀混凝土

图 77　混凝土耐久性问题没有解决，因为问题极其复杂，
而没有可靠的快速耐久性试验以及坚持错误信念的趋势

候组合起来的数量几乎是无限多的。

（3）没有可靠的耐久性试验方法能够作为依据。ASTM C 666 快速冻融试验方法在使用得当时是一个有价值的手段；在使用不当时，会反复地给我们以错误的导向。根据 US-BR 的经验，经常是在 ASTM C 666 试验中表现为最好的参数，在实际现场条件下却表现最差，只因为进行 C 666 试验的试件都未经干燥或大气侵蚀。本书里有两个实例：水泥细度（图 36）和养护时间长短（图 17）；而 ASR 试验不可靠是众所周知的。

（4）理念难以改变。这个理念就是：强度高的混凝土是好混凝土。强度很高的混凝土易于开裂这个概念难以推出去，尽管几乎所有其他材料——钢、塑料和玻璃都呈现这种特性。为了进行范式变换，必须从小集团思想综合征解脱出来，见图 78。

图 78　四种从众思想综合征

近十年中一篇最重要的论文是 Krauss（TRB 第 380 号报告）在 1996 年 1 月 TRB 会议上发表的。他的结论是：要限制桥面板裂缝，应当用较少的水泥和水化慢的水泥（现在已极难买到）。自那以来几乎 3 年过去了，他在全国到处演讲，没有一个人提出技术上的疑义，也没有一个人对该建议采取任何行动，尽管这是一项 NCHRP 的研究。人们被"强度高的混凝土是好混凝土"这一共同的信念粘住了，或者害怕说出反对这种信念，或者觉得被 AASHTO 关于水灰比和最低强度的限制所围困，或者害怕如果他们说出来，就不能继续从推动许多个州建造高强混凝土（对预应力梁是可以的）示范桥的代理商那里得到任何更多的研究经费。

一种信念的坚持表述如下：

公元前 255 年埃拉托塞尼提出大地是球形的假说并计算了它的直径。不幸的是，圣经上讲大地有四个角，意味着它是平面的，于是埃拉托塞尼的研究直到哥伦布的航行以前一直遭受厄运。然而，在难以置信地绕世界航行完成航海壮举的麦哲伦之前，哥伦布的信念也始终没有被广泛地接受（麦哲伦自己没有自始至终地完成，他在菲律宾被一些不同信念的人谋杀）。

Shneour 说过："人们自我幻想的能力是无限的"。对此，Peggy Lyon 回答："自我幻想使生活可以忍受。"Randy（1986 年）曾说：一个高智商的人对自我幻想没有防备。他还引证了 Mensa 的成员们（高智商的 2％人群）的一些例子。心理学家们叙述过信息是多么容易地与一个人原有的信念或议程不一致，结果要么是合理化了，要么是简单地不予理睬。

要记住：炎热的、干燥的夏天不仅影响人，而且影响混凝土（见图 79）。

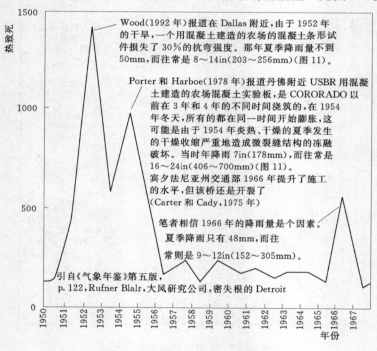

图 79　炎热和干旱会损伤坏混凝土

图 79 的说明：

（1）此处讨论涉及干旱劣化的 3 个实例。笔者最近感到困惑的是这个图表中与炎热有关的死亡和所讨论的 1952 年、1954 年和 1966 年高死亡率的 3 个数据，与本文中出现干燥导致混凝土劣化时的数据相对应。估计发生这种情况的几率不到 1/5000。

（2）炎热和干旱要死人，也通过微裂缝扩展和干燥收缩引起的宏观裂缝而伤害混凝土。有人怀疑，在 1933～1940 年干旱造成的这个不毛之地对混凝土有多大的危害。1942 年，Scholer 检测了这个地区的 314 处结构，发现有 161 处劣化了。

（3）在 1980 年的热浪期间，南部和中部各州几百条公路干道膨胀并向上鼓起了 90～120cm。估计损失在 5 亿美元。损害很快就显示出来，不像干缩那样在不知不觉中加剧了内部损伤。

四 点 声 明

（1）现代的水泥在大多数应用中表现良好。然而，有几处现代水泥解决不了的问题，那就是桥面板和停车库。

（2）这些建议适用的混凝土是由于气候或工程应用引起温度收缩、自生收缩和干燥收缩产生了很大的内应力。

（3）高强混凝土是一项技术进步，它可用于如长大跨桥梁和高层建筑工程中节省投资。在预应力混凝土中，因为混凝土不受拉，通常不会出现本书中所讨论的开裂问题。然而要记住预应力只在一个方向上施压，而不是所有三维方向。

（4）当 Gilkey 在 1950 年作为 ACI 的主席退休时，他说："我已经不遗余力地告诉你们，我感到是被强迫去制造一种混乱，我对你们讲的有一半是错的，我不知道是哪一半。"本书中的某些论断可能依据是不牢靠的，但像 Gilkey 一样，我不知道是哪一些。

建 议

（1）对于可能因为温度收缩、自生收缩和干燥收缩产生的应力而出现开裂的受约束混凝土，使用较少量的水化较慢的水泥。这些工程包括桥面板和停车库。

（2）应当设置防护措施（甚至惩罚），以防患在施工过程和生产环节中投放过多水泥。在德国已经这样做了，他们规定 12h 立方体强度最大限值为 6MPa。这样做是由于新德国铁路隧道开裂。此外，允许在更长时间达到所要求的强度（例如 56d）。

（3）使用延伸性（抗裂性）较好的水泥（通过减小粉磨细度、降低碱和 C_3S 含量）来生产混凝土。采用 Blaine 收缩圆环和 RILEM TC 119 延伸性试验来选择水泥。

（4）推荐以水灰比为 0.53 和抗裂水泥制备的引气混凝土，用于建造不会遇到除冰盐的桥面板和停车库。

（5）在用除冰盐的地方，还没有好的解决方法。强度高的混凝土不渗透，但易开裂；强度低的混凝土不开裂，但又阻止不了氯化物和硫酸盐渗透。图 73 推荐的实验计划是制备一种抗裂但不渗透混凝土的一种尝试。该混凝土不求助于粉煤灰或高炉矿渣，此二者在严酷气候中对长期耐久性的影响是值得怀疑的。

（6）开发一种叫做"Ⅵ型高延伸性水泥"会与Ⅳ型低碱水泥相似，而要求通过 Blaine 圆环收缩试验（干燥收缩开裂）和新的 RILEM 试验（温度收缩试验）。ASTM 和 AASHTO 应当采用这些试验，或者其他对评价延伸性适合的试验。

附录一　Springenschmid 的信

以下所附为慕尼黑工业大学 Springenschmid 的信，使人深入了解现代德国混凝土的实践（还可见表9）。作者有以下意见：

1. 与本文一致的观点

（1）在5％的高速公路上由于高碱水泥造成收缩裂缝，没有 ASR。

（2）安全系数过大造成开裂问题。为强度设置一个上限（如本书所推荐的）。如果超过强度的上限，则用较多的粉煤灰取代水泥（在夏季）。

（3）硅灰造成自生收缩。限制其使用。

（4）早晨浇筑混凝土会引起较多的开裂。

2. 温度收缩与干燥收缩

Springenschmid 估计应力的1/3来自温度收缩，2/3来自干燥收缩。在干燥的、易干旱的美国应当会出现更多干缩问题。这由 TRB 第380号报告证实：100块桥面板中，28块在第一个月开裂（温度收缩和自生收缩）；24块在一个月后开裂（干燥收缩）。

3. 桥面板劣化

在德国这不是个大问题。为什么？因为粗磨水泥、低水泥用量、好的骨料、潮湿的气候（平均），或者因为所有的桥面板都用环氧树脂密封？

4. 高性能混凝土

高性能混凝土没有遭遇到早期开裂。他们的经验限于柱、墙和管道，强度等级为 B65～B85。对于强度等级超过 B95 的则需要有一张特别许可证。

5. 圆环收缩试验

Springenschmid 认为 Blaine 圆环收缩试验可筛选出易裂的水泥，但更喜欢他的开裂架，并给出理由。

6. 技术传递

在 RILEM 里 Springenschmid 主持的委员会没有美国的参与。他从一开始就试图从 ACI 和 TBR 找到会员。日本是很支持的。

7. 未来的事件

今年年末（按作者发表的日期和 Springenschmid 的书信中的日期，估计这里指的是1997年或1998年——译者注），将发表一份关于慕尼黑开裂试验架的技术现状报告。不久的将来，RILEM TC 119 要颁布开裂架试验标准。现在可以得到该草案的复印件。

Springenschmid 的信：

Mr. Richard W. Burrows

1024 So. Braun Drive

Lakewood，Colorado 80228

USA

Munich，June 10，1997，Spr/MB

亲爱的先生：

从来信中得知你通读了我的许多论文，而我们的结果看来也符合美国的实际，我感到不胜荣幸。

从我们 RILEM 委员会工作一开始，我就尝试从美国找到会员，因为我知道，工程师们和 TRB、ACI 一起做了许多基础性工作。然而我没能找到合适的联系。而我们的日本同行们则几乎每次会议都做出了贡献。

就技术而论，我确信大多数裂缝来自温度和湿度变化叠加产生的作用。根据经验，我们假定有 2/3 的应力是因温度变化产生，其余由干缩和湿胀造成。

我们因 5% 快速路（高速公路）出现表面开裂而遇到很大的困难。这限于那些使用含碱量（$Na_2O+0.658K_2O$）超过 1.0% 水泥的路段，有时含碱量高达 1.3%，骨料是安定的，没有 ASR 的迹象。W. Fleischer 做了关于水泥对混凝土干缩和湿胀影响的博士论文。文中有一些实质性的发现。你们关于含碱量（Na_2O 当量）对收缩影响的研究结果和我们的工作完全相符。

我之所以没有采用 Blaine 的圆环收缩试验方法，理由很简单：该方法不能让水分线性地从水泥浆体向外蒸发或吸入，且不能量测应力。然而，我同意你所说的：圆环收缩试验有助于选择收缩趋势小的水泥。

至于德国的 HPC，我们允许按照新的 "DAfSt – Richtlinie für hochfrsten Beton"（推荐高强混凝土）作为 DIN 1045 中要求立方体抗压强度为 70～100MPa 的等级 B65～B95 的辅助标准。我们的实际经验目前限于一些 B65、B75 或 B85 的柱子和墙，以及在侵蚀性环境中的管道和其他构件。我们研究院的一个研究项目涉及用于路面的高抗弯强度的混凝土。

我在开裂架上量测了由于化学收缩产生的应力。结果证明硅灰对早期拉应力有很大影响。因此，按我的观点，HPC 用于施工的问题取决于：

（1）使用作为低开裂敏感性而优化混凝土拌和物的方法。

（2）采用在养护期间控制表面温度的方法。

在德国，目前 HPC 的早期开裂不是主要问题，其原因是只用 B95 以下的强度等级。达到 B115 的更高强度等级需有特别的执照。目前在 HPC 的施工中是限制使用硅灰的。

对于桥梁，水泥用量必须在 350～400kg/m³。我经常推荐采用粉煤灰部分取代水泥，而且用高效减水剂降低水灰比。为了避免混凝土的早期强度太高，立方体试件只在 56d 以后测试。为使表面能获得有利的"温度预压应力"，在第 1 天和第 2 天当弹性模量较低时，冷却混凝土表面是很重要的。观察到表面开裂主要是在早晨浇筑混凝土的时候，太阳的辐射热再叠加上不利的零应力温度梯度时的水化热。

每个人在具体操作时都加上一点安全系数的问题看来不止在美国才有，典型的例子是第一条新德国铁路的隧道衬砌，结果造成严重的开裂。我们现在不规定 10h 最低强度为 12MPa；而是规定 12h 强度在 3～6MPa（用绝热试模的立方体试件量测）。只要 12h 强度超过 6MPa，就要用更多的粉煤灰取代水泥（"夏季拌和物"）。

桥面板的开裂在德国不是一个大问题，所有的桥面板都用环氧树脂密封。在铺设面层前加用密封条和沥青防护层。

1994 年以来我们的研究院做了什么呢？TC 119 作为现状报告将在今年末发表。将来要发表技术推荐（用于新试验方法）。附上开裂架试验的复制件以及 4 本其他出版物。几座大体积混凝土结构现场约束应力的量测确认了我们的室内试验结果。

如能获得你所提到的手稿，我会很感兴趣。而且如果知识的交流能在美国工程师们和我的研究院之间得到改善，我会很高兴。对于双方那些对研究都感兴趣的优秀的年轻工程师来说，有一个好办法，譬如，几个月或一年在我的研究院去解决实际问题。有几个途径得到这样的研究访问的资助。

盼望回音。

致礼！

Rupert Springenschmid

附 5 篇参考文献

[1] R. Springenschmid，W. Fleischer：Uber das Schwinden Von Beton，SCnWinctmessUngen und Scnwindrisse；

[2] R. Springenschmid：The Influcence of Cement，Pozzolans and Silica Fume on the Cracking Tendency of High Strength Concret；

[3] K. Beckhaus，R. Springenschmid：Thermal Prestressing of Concrete；

[4] R. Breitenbucher：RILEM Technical Recommendation（draft）Testing of the Cracking Tendency of Concrete at Early Ages；

[5] R. Beddoe，R. Springenschmid：The Influence of Formwork Inserts on the Durability of Concrete.

附录二　Jbebbington 的信

1951 年 3 月 6 日

Jbebbington 的信

Mr. Richanrd W. Burrows

U. S Bureas of Reclaimation

Denver，Colorado

亲爱的 Burrows 先生：

深为荣幸地在 2 月 20 日出版的 ACI 期刊上读到了你关于粗磨水泥的文章。我们在这个办公室里对细磨水泥抱怨了好几年，但没有办法证明我们的情况，因为我们没有仪器做这样的试验。

遇到如此多混凝土的麻烦，我们知道，有朝一日会有人有这种麻烦而去做必须的试验建立一种案例。我和我们的总工程师 Mr. A. J. Hawley 仔细地阅读了你的文章和插图，我们同意其中的观点并应当去做。我写这封信是想知道你是否得到哪一个水泥制造商的响应，同意去生产一种粗磨水泥，因为如果有人这样做，我们会广泛地使用，甚至用于砂浆，并做一个相当长时间的尝试。在这方面，我们能够作为外行来给出我们自己的结论，而我们确实感到我们的工作会好起来的。

收到你给我们有关本课题的任何更多的信息，我们都会非常感谢。

谢谢你的论文，希望你在努力中不断取得成功。

非常忠实于你的

Jbebbington

FLWTCHER – THOMPSON 公司副总经理

参 考 文 献

ACI Committee 201, 1992. "Guide to Durable Concrete," *ACI Manual of Concrete Practice*, ACI 201, 2R-92, American Concrete Institute, Farmington Hills, Mich.

ACI Committee 224, 1972. "Control of Cracking in Concrete Structures," *ACI Structural Journal*, V. 69, No. 69, Dec., pp. 717-732.

ACI Workshop on Epoxy-Coated Reinforcement. 1988. *Concrete International*, V. 10, No. 12, Dec., pp. 80-84.

Alexander, K. M.; Wardlaw, J.; and Ivanusec, 1979, "The Influence of SO$_3$ Content of Portland Cement on the Creep and Other Physical Properties of Concrete," *Cement and Concrete Research*, V. 9, pp. 451-459.

Alexander, M. G., 1996. "Aggregates and the Deformation Properties of Concrete," *ACI Materials Journal*, V. 93, No. 6, Nov., .Dec., pp. 569-577.

Backstrom, J. E., and Burrows, R. W., 1955. Discussion of *Observations on the Resistance of Concrete to Freezing and Thawing*, by Hubert Woods, *ACI Journal*, V. 27, No. 4, Dec.

Bager, D. H., and Sellevold, E. J., 1986. "Ice Formation in Hardened Cement Paste-Part II," *Cement and Concrete Research*, V. 16, pp. 835-843.

Bates, P. H., 1925. "Crazing on Cement Products," *ACI JOURNAL*, *Proceedings* V. 21., pp. 126-133.

Bates, P. H., 1928, "Principal Characteristics of Modem Hydraulic Cements," *Cement Mill and Quarry*, V. 32, No. 11, July, pp. 42-48.

Bilodeau, A., and Carette, G. G., 1989. "Resistance of Condensed Silica Fume Concrete to the Combined Action of Freezing and Thawing Cycling and Deicing Salts," SP-114, *Fly Ash, Silica Fume, Slag, and Natural Pozzolans in Concrete*, *Proceedings*, *Third International Conference*, *Trondheim, Norway*, V. M. Malhotra, ed., pp. 945-970.

Bissonette, B., and Pigeon, M., 1995. "Tensile Creep at Early Ages of Ordinary Silica Fume, and Fiber Reinforced Concretes," *Cement and Concrete Research*, V. 25, No. 5, July, pp. 1075-1085.

Blaine, R. L.; Arni, H. T.; Evans, D. H.; Defore, M. R.; Clifton, J. R.; and Methey, R. G., "Interrelations between Cement and Concrete Properties," *Building Research Division of the National Bureau of Standards*.

Building Science Series, 1965. "Interrelations between Cement and Concrete Properties," Part 1, Aug., 36 pp.

Building Science Series 5, 1966. "Sulfate Resistance, Heat of Hydration, and Autoclave Expansion," Part 2, July, 44 pp.

Building Science Series 8. 1968. "Compressive Strengths of Portland Cement Test Mortars and Steam-Cured Mortar," Part 3, April, pp. 1-98.

Building Science Series 15. 1969. "Shrinkage of Neat Portland Cement Pastes and Concretes," Part 4, Mar., 77 pp.

Building Science Series 35, 1971. "Freezing and Thawing Durability, Saturation. Water Loss and Absorption, and Dynamic Modulus," Part 5, Nov., 125 pp.

Building Science Series 36. 1971. "Compilation of Data from Laboratory Studies," Part 6, Aug., National Bureau of Standards (now NIST), Washington, D. C. , V. 42, 115 pp.

Blanks, R. F.; Meissner, H. S.; and Tuthill, L., 1946. "Curing Concrete with Sealing Compounds," *ACI Journal*, Apr., 504 pp.

Bloom, R. and Bentur, A., 1995. "Free and Restrained Shrinkage of Normal and High – Strength Concretes," *ACI Materials Journal*, V. 92, No. 2, Mar. – Apr., 211 pp.

Breitenbucher, R., and Mangold, M., 1994. "Minimization of Thermal Cracking in Concrete Members at Early Ages." *Thermal Cracking of Concrete at Early Ages*, E&FN Spon, London, pp. 205 – 212.

Brewer. H. W. , and Burrows, R. W., 1951. "Coarse Ground Cement Makes More Durable Concrete," *ACI Journal*, V. 47, No. 25, Jan., 353 pp.

Briggs. G. O. , and Porter, L. C. , 1966. "Freezing and Thawing Durability." *U. S. Bureau of Reclamation Report* C – 1176. Feb.

Burg, R. G. , and Ost, B. W. , "Engineering Properties of Commercially Available High – Strength Concretes," *PCA Research and Development Bulletin*. RD 104T.

Burrows, R. W. , 1946. Unreported data (files of James Pierce) .

Cady. P. D.; Clear, K. C.; and Marshall, L. G., 1972. "Tensile Strength Reduction of Mortar and Concrete Due to Moisture Gradients," *ACI* Journal. V. 69, No. 68, Nov., pp. 700 – 705.

Callan, E. J., 1952. "Thermal Expansion of Aggregates and Concrete Durability." *ACI* JOURNAL, *Proceedings* V. 48, Dec., pp. 504 – 11.

Campbell, R. A.; Hading, W.; Meisinhimer, E.; Nicholson, L. P.; and Sisk, J., 1976. "Job Conditions Affect Cracking and Strength of Concrete in Place." *ACI Journal*, V. 73, Jan., pp. 10 – 13.

Cannon, R. W.; Tuthill, L.; Schrader, E. K; and Tatro, S. B., 1992. "Cement – When to Say When!" *Concrete International*, V. 78, No. 15, Jan., pp. 179 – 186.

Carasquillo, R. L.; Nilson, A. H.; and Slate, F. O., 1981, "Properties of High – Strength Concrete Subject to Short – Term Loads," *ACI Journal*, V. 78, No. 3, May – June.

Carlson, R. W., 1938. "Drying Shrinkage of Concrete Affected by Many Factors." *Proceedings* ASTM, 38, Part Ⅱ, pp. 419 – 440.

Carlson, R. W., 1939. "Remarks on the Durability of Concrete," *ACI Journal*, Apr., V. 35, pp. 359 – 364.

Carlson, R. W., 1940. "Attempts to Measure the Cracking Tendency of Concrete," *ACI Journal*, V. 36, June, pp. 533 – 537.

Carlson, R. W., 1942. "Cracking of Concrete," presented at joint meeting of the Boston Society of Civil Engineers and The Designers' Section, BSCE, Jan. 14.

Carlson, R. W.; Houghton, D. L; and Poljvka, M., 1979. "Causes and Control of Cracking in Unreinforced Mass Concrete." *ACI Journal*, V. 76, No. 36, July, pp. 821 – 837.

Carrier, R. E., and Cady, P. D., 1975. "Factors Affecting the Durability of Concrete Bridge Decks," and Carrier, R. E.; Pu, D. C.; and Cady, P. D., "Moisture Distribution in Concrete Bridge Decks and Pavements," SP – 47, *Durability of Concrete*, American Concrete Institute, Farmington Hills, Mich., pp. 121 – 190.

Chui, J. J., and Dilger, W. G., 1993. "Temperature Stress and Cracking Due to Hydration Heat," *Creep and Shrinkage of Concrete*, E&FN Spon, London, pp. 271 – 276.

Cordon, W. A., 1943. "Long Time Cement Studies – Construction of Parapet Wall in Green Mountain Dam with 28 Cements," *U. S. Bureau of Reclamation Laboratory Report* No. C – 224, Oct., pp. 1 – 8.

Coutinho A.; DeSousa; and Okada, K., 1959. Discussion of a Paper by A. M . Neville, "Role of Cement in the Creep of Mortar," *ACI Journal*, Mar. , V. 55, No. 2, pp. 1555 – 1565.

Detwiler, R . J. ; Kjellson, K. O. ; and Gjφrv, O. E. , 1991. "Resistance to Chloride Intrusion of Concrete Cured at Different Temperatures," *ACI Materials Journal*, V. 88, No. 1, Jan. – Feb. , pp. 19 – 23.

Detwiler, R. J. ; Kojundic, T. ; and Fidjestol, P. , 1997. "Evaluation of Bridge Deck Overlays," *Concrete International*, V. 19, No. 8, Aug. , pp. 43 – 45.

Dhir, R. K. ; Sangha, C. M. ; and Munday, J. G. L. , 1973, "Strength and Deformation Properties of Autogenously Healed Mortars," *ACI Journal*, V. 70, No. 24, Mar. , pp. 231 – 236.

Douglas, C. T, and McHenry, D. , 1947, "Long Time Study of Cement Performance in Concrete – Tests on 28 Cements Used in the Parapet Wall of Green Mountain Darn," USBR Materials Laboratories, *Report* C – 345, Mar. , 127 pp.

Driscoll, J. , 1906. Discussion of a paper "Concrete Aggregate," *ACI Journal*, V. 7, 45 pp.

Dubberke, W. , 1993. "The Cause of Early Deterioration on Highway 520 in Webster County, Iowa," *Inforrnal Report*, Iowa DOT, Feb. , 8 pp.

Effert, R. J. Jr. , 1996. "Use of Fly Ash in Concrete," ACI Committee 226, *ACI Manual of Concrete Practice*, American Concrete Institute, Farmington Hills, Mich. , 226 pp. 3R – 12.

Emmons, P. H. , and Vaysburg, A. M. , 1993. "Compatibility Considerations for Durable Concrete Repairs," *TRB Record* 1382, pp. 13 – 19.

Fild, J. , 1964. "Lessons from Failures of Concrete Structures," Monograph No. 1, American Concrete Institute, Farmington Hills, Mich.

Flack, H. L. , 1961. "Five – Year Progress Report on the Durability of Concrete with Different Types and Percentages of Pozzolan," *U. S. Bureau of Reclamation Report* No. C – 989, Aug. , pp. 1 – 11.

Fleischer. W. , and Springeschmid, R. , 1994. "Measures to Avoid Temperature Cracks in Concrete for a Bridge Deck," *Thermal Cracking of Concrete*, E&FN Spon, London, pp. 401 – 408.

Fu, W. , and Chung D. D. L. , 1997. "Improving the Bond Strength between Steel Rebar and Concrete by Increasing the Water – Cement Ratio," *Cement and Concrete Research* V. 27, No. 12, Dec. , pp. 1805 – 1809.

Fu, X. , and Chung, D. D. L. , 1998. "Decrease of the Bond Strength between Steel Rebar and Concrete with Increasing Curing Age" *Cement and Concrete Research*, V. 28, No. 2, pp. 167 – 169.

Fu, Y. , and Beaudoin, J. J. , 1996. "Microcracking as a Precursor to Delayed Ettringite Formation in Cement Systems," *Cement and Concrete Research*, V. 26, No. 10, Oct. , pp. 1493 – 1498.

Gebauer, J. , 1981. "Alkalies in Clinker: Influence on Cement and Concrete Properties," *Conference*, National Building Research Institute, Pretoria, South Africa, Mar.

Gilkey, H. J. , 1926. "The Autogenous Healing of Concretes and Mortars," *ASTN Proceedings*, V. 26, pp. 470 – 487.

Gjφrv, O. E. , and Vennesland, Ó. , 1979. "Diffusion of Chloride Ions from Seawater into Concrete," *Cement and Concrete Research*, V. 9, Mar. , pp. 229 – 238.

Gjφrv, O. E. ; Tan, K. ; and Zhang, M. H. , 1994. "Diffusity of Chlorides from Seawater into High. Strength Lightweight Concrete. " *ACI Materials Journal* V. 91, No. 5, Sept. – Oct. , pp. 447 – 452.

Gjφrv, O. E. , 1995. "Effect of Condensed Silica Fume on Steel Corrosion in Concrete," *ACI Materials Journal*, V. 92, No. 6, Nov. – Dec. , pp. 591 – 598.

Glanville, "The Permeability of Portland Cement Concrete. " Department of Scientific and Building Research (England), *Technical Paper* No. 3.

Goodspeed, C. H. ; Vanikar, S. ; and Cook, R. , A. , 1996. "High – Performance Concrete Defined for Highway Structures," *Concrete International* , V. 18, No. 2, Feb. , pp. 62 – 67.

Gotfredsen, H. H. , and Idorn, G. M. , 1985. "Curing Technology at the Faroe Bridges, Denmark," SP – 95, *Properties of Concrete at Early Ages* , J. Francis Young, ed. , American Concrete Institute, Farmington Hills, Mich. , pp. 17 – 31.

Gran, H. Chr. , 1995. "Flourescent Liquid Replacement Technique," *Cement and Concrete Research* , V. 25, No. 5, July, pp. 1063 – 1074.

Hadley, D. W. , 1968. "Field and Laboratory Studies on the Reactivity of Sand – Gravel Aggregates," Portland Cement Association, *Research Department Bulletin* 221, pp. 17 – 33.

Hansen, W. ; Mohamed, A. R. ; Byrum, C. R. ; and Jensen, E. , 1998. "Effect of Higher Strength on Pavement Performance," *Materials Science of Concrete – The Sydney Diamond Symposium* , pp. 191 – 204.

Haque, M. N. ; Kayyali, O. A. ; and Gopalan, M. K. , 1992. "Fly Ash Reduces Harmful Chloride Ions in Concrete," *ACI Materials Journal* , V. 89, No. 3, May – June, pp. 238 – 241.

Harboe, E. M. , 1961. "A Study of Cement-Aggregate Incompatibility in the Kansas – Nebraska Area," *Concrete Laboratory Report* No. C – 694, U. S. Bureau of Reclamation, June, pp. 1 – 19.

Hasan, H. , and Ramirez, J. A. , 1995. "Behavior of Concrete Bridge Decks and Slabs Reinforced with Epoxy – Coated Steel," *Report* No. FHWA, Indiana JHRP 94 – 9.

Hearn, N. ; Detwiler, R. J. ; and Sframeli, C. 1994. "Water Permeability and Microcircuitries of Three Old Concretes," *Cement and Concrete Research* , V. 24, No. 4, pp. 633 – 640.

Higginson, E. C. , and Kretsinger, D. G. , 1953. "Prediction of Concrete Durability from Thermal Tests of Aggregate," presented at the 56th Annual Meeting of ASTM, Atlantic City, New Jersey, June.

Hollister, S. C. , 1976. "Urgent Need for Research in High – Strength Concrete," *ACI Journal* , V. 73, No. 3, Mar. , 136 pp.

Hope, B. , and Alan, K. C. , 1987. "Corrosion of Steel in Concrete Made with Slag Cement," *ACI Materials Journal* , V. 84, No. 6, Nov. – Dec. , pp. 525 – 531.

Houk, I. E. , Jr. ; Borge, O. E. ; and Houghton, D. L. , 1969. "Studies of Autogenous Volume Change in Concrete from Dworshak Dam," *ACI Journal* , V. 66, No. 45, July, 560 pp.

Hveem, F. H. , and Tremper, B. , 1957. "Some Factors Influencing Shrinkage of Concrete Pavements," *ACI JOURNAL* , *Proceedings* V. 53, No. 42, pp. 781 – 789.

Hveem, F. H. , 1963. "A Progress Report of the Concrete Testing on the Webber Creek Bridge," Califomia Division of Highways, Sacramento.

Jackson, F. H. , 1941. Discussion of a paper by Cape, E. B. , "Design and Control of Concrete Paving Mixtures – Texas," *ACI Journal* , V. 37, Nov. , pp. 432 – 1 to 432 – 10.

Jackson, F. H. , 1946. "The Durability of Concrete in Service," *ACI Journal* , V. 18, No. 2, Oct. , pp. 165 – 180.

Jackson, F. H. , 1955. "Long. Time Study of Cement Performance in Concrete," *ACI Journal* , V. 27, No. 1, Oct. , 159 pp.

Jacobsen, S. ; Marchand, J. ; Boisvert, L. ; Pigeon, M. ; and Sellevold, E. J. , 1997. "Frost Deicer Salt Scaling Testing of Concrete: Effect of Drying and Natural Weathering," *Cement, Concrete, and Aggregates* , V. 19, No. 1, June, pp. 8 – 15.

Jaegermann, C. , 1990. "Effect of Water – Cement Ratio and Curing on Chloride Penetration into Concrete Exposed to Mediterranean Sea Climate," *ACI Materials Journal* , V. 87, No. 4, July. – Aug. , pp. 333 – 339.

Jensen, A. D. , 1992. "Old Concrete Roads in Denmark," SP – 131, *Durability of Concrete*, *G. M. Idorn International Symposium*. Jens Holm and Mette Geiker, eds. , American Concrete Institute, Farmington Hills, Mich. , pp. 393 – 400.

Jensen, O. M. , and Hansen, P. F. , 1996. "Autogenous Deformation and Change of the Relative Humidity in Silica Fume-Modified Cement Paste," *ACI Materials Journal*, V. 93, No. 6, Nov. – Dec. , 539 pp.

Johnston, C. D. , 1994. "Deicer Salt Scaling Resistance and Chloride Permeability," *Concrete International*, V. 16, No. 8, Aug. , pp. 48 – 55.

Johnston, D. P. , and Sidwell, E. H. , 1969. "Influence of Drying on the Strength of Concrete Specimens," *ACI Journal*, V. 66, No. 63, Sept. , pp. 748 – 755.

Kelly, J. W. , 1984. "Cracks in Concrete," *Concrete Publications*, Addison, Ilinois, pp. 561 – 580.

Khlan, A. A. ; Cook, W. D. ; and Mitchell, D. , 1997. "Creep, Shrinkage, and Thermal Strains in Normal, Medium, and High – Strength Concrete during Hydration," *ACI Materials Journal*, V. 94, No. 2, Mar. – Apr. , pp. 156 – 163.

Kompen, R. , 1994. "High – Performance Concrete – Field Observations of Cracking Tendency at Early Ages." *Thermal Cracking in Concrete at Early Ages*, E&FN Spon, London, pp. 449 – 457.

Kraai, P. P. , 1985. "A Proposed Test to Determine the Cracking Potential Due to Drying Shrinkage of Concrete," *Concrete Construction*, V. 30, No. 9, Sept. , 775 pp.

Krauss, P. D. , and Rogalla, E. A. , 1996. "Transverse Cracking in Newly Constructed Bridge Decks," *Report* No. 380, Transportation Research Board, NCHRP Project 12 – 37, 85 pp.

Langlois, D. ; Beaupre. D. ; Pigeon, M. ; and Foy, C. , 1989. "The Influence of Curing on the Salt Scaling Resistance of Concrete with and without Silica Fume," SP – 114, *Fly Ash, Silica Fume, Slag, and Natural Pozzolans in Conrete; Proceedings, Third international Conference, Troondheim, Norway*, V. M. Malhotra, ed. , American Concrete Institute, Farmington Hills, Mich. , pp. 971 – 981.

Lawton, E. C. , 1939. "Durability of Concrete Pavement – Experiences in New York State," *ACI Journal*, V. 35, June, pp. 561 – 580.

Lea, F. M. , and Desch, C. H. , 1956. *The Chemistry of Cement and Concrete*, revised edition, St. Manin's Press, Inc. , New York, 354 pp.

Lemish, J. , and Elwell, J. H. , 1969. "Deterioration Zone Petrography of Selected High Concretes," Project HR – 118 of the Iowa Highway Research Board, March, pp. 1 – 181.

Litvan, G. G. , 1991. "Deterioration of Parking Structures," SP – 126, *Second CANMET/ACI International Conference on Durability of Concrete*, V. M. Malhotra, ed. , Amedcan Concrete Institute, Fanmington Hills, Mich. , pp. 317 – 334.

Lord, A. R. , 1927. "Notes on the Concrete. Wacker Drive, Chicago," *ACI Journal*, V. 23, Dec. , pp. 28 – 78.

Louet, K. R. , and Slate, F. O. , 1956. "Autogenous Healing of Cement Paste," *ACI Journal*, V. 52, No. 63, June, pp. 1083 – 1097.

Malinowski, R. , 1979. "Concretes and Mortars in Ancient Aqueducts," *Concrete International*, V. 1, No. 1, Jan. , pp. 66 – 76.

Marusin, S. L. , 1988. "Influence of Superplasticizers, polymer Admixture, and Silica Fume on Chloride Ion Penneability," SP – 108, *permeability of Concrete*, David Whiting and Arthur Walitt, eds. , American Concrete Institute, Farmington Hills, Mich. , pp. 19 – 33.

Marusin, S. L. , 1989. "Improvement of Concrete Durability Against Intrusion of Chloride – Laden Water by Using Sealers, Coatings, and Various Admixtures," SP – 100, *Concrete Durability—Kathrine and*

Bryant Mather International Conference, John M. Scanlon, ed., American Concrete Institute, Farmington Hills, Mich., pp. 599 – 619.

Marusin, S. L., 1989. "Influence of Moist Curing Time on Weight Change Behavior and Chloride Ion Pemeability of Concrete Containing Silica Fume," SP – 114, *Fly Ash*, *Silica Fume*, *Slag*, *and Natural Pozzolans in Concrete*; *Proceedings*, *Third International Conference*, *Trondheim*, *Norway*, V. M. Malhotra. ed., American Concrete Institute, Farminton Hills, Mich., pp. 929 – 944.

Maslehudden, M.; Al – Mana, A.; Saricimen, H.; and Sharmim, M., 1990. "Corrosion of Reinforcing Steel in Concrete," *Cement*, *Concrete*, *and Aggregate*, V. 12, No. 1, pp. 24 – 31.

Mather, B., 1964. "Drying Shrinkage – Second Report," *Highway Research New*, Nov., 34 pp.

Mather, B., 1966. "Shape, Surface Texture, and Coatings," *concrete and Concrete – Making Materials*, ASTM Publication STP 169A, 387 pp.

Mather, B., 1980. "Use Less Cement," *Concrete International*, V. 2, No. 10, Oct., 22 pp.

Mather, B., 1991. "How to Make Concrete That Will Be Immune to the Effects of Freezing and Thawing," SP – 122, *Paul Klieger Symposium on Performence of Concrete*, David Whiting, ed., American Concrete Institute, Farmington Hills, Mich., pp. 1 – 18.

Mather, B., 1993. "Concrete in Transportation: Desired Performance and Speciflcations," *TRB Record*, No. 1382, pp. 5 – 10.

Mather, B., 1996. Private communication with the author.

Mathes, L. S., and Glantz, O. J., "Investigations of 81 Fly Ashes," *U. S. Bureau of Reclamation Concrete Laboratory Report* No. C – 680, Sept., 23 pp.

Matta, Z. G, 1998. "Concrete Practices in the Arabian Gulf Region." *Cincrete International*, V. 20, No. 7, July, pp. 51 – 52.

McCarter, W. J., 1996. "Monitoring the Influence of Water and Ionic Ingress on Cover – Zone Concrete Subjected to Repeated Absorption." *Cement*, *Concretes*, *and Aggregates*, V. 18, No. 1, June, pp. 55 – 63.

McDonald, D., 1995. "Design Options for Corrosion Protection," *Proceedings of the Concrete 95 Conference*, Brisbane Australia, Sept. 4 – 7, pp. 1 – 10.

McDonald, D. B.; Krauss, P. D; and Rogalla, E. A., 1995. "Early – Age Transverse Deck Crackng," *Concrete International*, V. 17, No. 5, Mav., pp. 49 – 51.

McMillan, F. R., 1931. "Study of Defective Concrete," *ACI JOURNAL Proceedings* V. 27, Part Ⅱ, pp. 1039 – 1064.

Mehta, P. K., 1987. "Durability of High – Strength Concrete," SP – 122, *Paul Klieger Symposium on Performance of Concrete*, David Whiting, ed., American Concrete Institute, Farmington Hills, Mich., pp. 19 – 24.

Mehta, P. K., 1991. "Durability of Concrete – Fifty Years of Progress," SP – 126, *Second CANMET/ ACI International Conference on Durability of Concrete*. V. M. Malhotra, ed., American Concrete Institute, Farmington Hills, Mich., pp. 1 – 30.

Mehta, P. K., 1994. "Concrete Technology at the Crossroads – Problems and Opportunities," SP. 144, *Concrete Technology – Past*, *Present*, *and Future*, *Proceedings of V. Mohan Malhotra Symposium*, P. Kumar Mehta, ed., American Concrete Institute, Farmington Hills, Mich., pp. A3 – A33.

Mehta, P. K., 1996. "High – Performance Concrete Technology for the Future," *International Conference* in Brazil, June.

Meissner, H., 1941. "Cracking in Concrete Due to Expansive Reaction between Aggregate and High – Alkali Cement as Evidenced in Parker Dam." *ACI Journal*, V. 37, Apr., 549 pp.

Meissner, H., Discussion of a paper by Stanton, T. E. et al., 1942. "California Experience with the Expansion of Concrete through Reaction between Cement and Aggregate," *ACI Journal*, Supplement, V. 38, Nov., pp. 236 – 242.

Merriman, M. T., 1929, "Cement," *Proceedings of the World Engineering Congress*, Tokyo, V. 31, 345 pp.

Merriman, M. T., 1939. "Portland Cement," *Journal of the Boston Society of Civil Engineers*, V. 26, No. 1, Jan., 25 pp.

Merriman, M. T., Discussion of a paper by Bates, P. H., and Jumper, C. H., 1928. "Notes on the Progress of Some Studies in the Crazing of Portland Cement Mortars," *Proceedings of ACl*, V. 24, pp. 179 – 211.

Mitchell, J., 1905. "Cement Posts," *ACI Journal*, V. I, pp. 39 – 41.

Miuri, M., and Ichikawa, T., 1997, "Effect of Alkali – Aggregate Reaction on Carbonation," *Concrete Research and Technology*, Jan.

Miyazawa, S., and Monteiro, P. J. M., 1996. "Volume Change of High – Strength Concrete in Moist Conditions," *Cement and Concrete Research*, V. 26, No. 4, pp. 567 – 572.

Moyer, A., 1906. "Hair Cracks, Crazing, and Map Cracks on Concrete Surfaces," *ACI Journal*, V. II, pp. 208 – 213.

Nagy, A., and Thelandersson, S., 1994. "Material Characterization of Young Concrete to Predict Thermal Stresses," *Thermal Cracking in Concrete at Early Ages*, E&FN Spon, London, pp. 161 – 168.

NCHRP Project 12 – 37 Study, 1996. "Transverse Cracking in Newly Constructed Bridge Decks," *TRB Report* 0 – 309 – 05716 – 7, 126 pp.

Nepper – Christensen, F., 1965. "The Contact between Cement Paste and Aggregates and Its Effects of Rupture Phenomena in Concrete," *Nordisk Betong*, V. 9, No. 1, Aug., 32 pp., translated from Norwegian by Joint Publications Research Service.

Neville, A. M., 1959. "Role of Cement in the Creep of Mortar," *ACI Journal*, V. 55, No. 62, Mar., 963 pp.

Neville, A. M., 1970. *Creep of Concrete – Plain, Reinforced and Prestressed*, North Holland Publishing Co., Amsterdam, The Netherlands, 622 pp.

Neville, A. M., 1996. *Properties of Concrete*, John Wiley and Sons, Inc., New York, 844 pp.

Newlon, H. H., 1974. "A Survey to Determine the Impact of Changes in Specifications and Construction Practices on the Performance of Concrete in Bridge Decks," *Virginia Highway Research Council Report* PB – 236 – 475, 36 pp.

Novokshchenov, V., 1986. "Cracking Problems in Hot Climates Can Be Predicted and Prevented," *Concrete International*, V. 8, No. 8, Aug., 27 pp.

Oleson, C. C., and Verbeck, G., 1967. "Long – Time Study of Cement Performance in Concrete, *PCA Research Department Bulletin* 217, Dec., 40 pp.

Ozildirim, C., and Halstead, W., 1988. "Resistance to Chloride Ion Penetration of Concretes Containing Fly Ash, Silica Fume, or Slag," SP – 108, *Permeability of Concrete*, David Whiting and Arthur Walitt, eds., American Concrete Insfitute, Farmington Hills, Mich., pp. 35 – 61.

Ozildirim, C., 1994. "Laboratory Investigation of Low – Permeabifity Concretes Containing Slag and Silica Fume," *ACI Materials Journal*, V. 91, No. 2, Mar.-Apr., pp. 197 – 202.

Paillere, M.; Buil, M.; and Serrano, J. J., 1989. "Effect of Fiber Addition on the Autogenous Shrinkage of Silica Fume Concrete," *ACI Materials Journal*, V. 86, No. 2, Mar.-Apr., pp. 139 – 144.

Parker, G., 1996, "It's Time to Get Back to Basic Concrete," *Parker International Newsletter*, Warwick, Bermuda, July, 3 pp.

Parker, G. , 1996. Parker International Newsletter, Warwick, Bermuda, 3 pp.

Parsons, W. H. , and Johnson, W. H. , 1944, "Thermal Expansion of Concrete Aggregate," *ACI Journal*, V. 15, No. 5, Apr. , pp. 457 – 466.

Paulsson, J. , and Sifwerbrand, J. , 1998. "Durability of Repaired Bridge Deck Overlays," *Concrete International*, V. 20, No. 2, Feb. , pp. 76 – 82.

Pearson, J. C. , 1942. "A Concrete Failure Attributed to Aggregate of Low Thermal Coeffcient of Expansion," *ACI Journal*, V. 1 3, No. 6, Sept. , pp. 36 – l to 36 – 27.

Pearson, J. C. , 1943. "Supplementary Data on the Effect of Concrete Aggregate Having Low Thermal Coefficient of Expansion," *ACI Journal*, V. 15, No. 1, Sept. , 33 pp.

Perenchio, W. F. , 1996. "Corrosion of Reinforcing Steel," *ASTM Technical Publication* 169 – C, pp. 164 – 173.

Perenchio, W. J. , 1997. "The Drying Shrinkage Dilemma," *Concrete Construction*, V. 42, No. 4, Apr. , pp. 379 – 383.

Perraton, D. ; Aitcin, P. – C. ; and Vezina, D. , 1988. "Permeabilities of Silica Fume Concrete," SP – 108, *Permeability of Concrete*. David Whiting and Arthur Walitt, eds. , American Concrete Institute, Farmington Hills, Mich. , pp. 63 – 84.

Pfeifer, D. W. , and Scali, M. J. , 1981. "Concrete Sealers for Protection of Bridge Structures," *NCHRP Report.* , No. 244, Dec. , pp. 138.

Philapose, K. E. ; Feldman, R. F. ; and Beaudoin, J. J. , 1991. "Durability Predictions from Rate of Diffusion Testing of Normal Portland Cement, Fly Ash, and Slag Concrete," SP – 126, *Durability of Concrete*, V. I, No. 18, pp. 335 – 353.

Pickett, G. , 1942. "The Effect of Change in Moisture Content of the Creep of Concrete under a Sustained Load," *ACI* JOURNAL, *Proceedings*, V. 13, No. 4, Feb. , pp. 333 – 355.

Pickett, G. , 1947. "Effect of Gypsum Content and Other Factors on Shrikage of Concrete Prisms," *ACI Journal*, V. 19, No. 2, Oct. , 149 pp.

Porter, L. C. , and Harboe, E. M. , 1978. "A 25 – Year Evaluation of Concrete Containing Reactive Kansas – Nebraska Aggregates," REC – ERG – 78 – 5, Engineering and Research Center, U. S. Bureau of Reclamation, Denver, Colo. , Oct. , 94 pp.

Powers, T. C. , 1945. "A Working Hypothesis for Further Studies of Frost Resistance of Concrete," *ACI*, *Journal*, V. 41, No. 4, Feb. , pp. 245 – 272.

Powers, T. C. , 1959. "Causes and Control of Volume Changes," *Journal of the PCA*, Resarch and Development Laboratories, pp. 29 – 39.

Powers, T. C. , 1966. "The Nature of Concrete," *Concrete and Concrete Making*, ASTM Publication STP 169A, 387 pp.

Powers, T. C. ; Copeland, L. E. ; Hayes, J. C. ; and Mann, H. M. , 1954. "Permeability of Portland Cement Paste," *ACI Journal*, V. 51, No. 14, Dec. , pp. 285 – 298.

Pu, D. C. , and Cady, P. D. , 1975. "The Effect of Moisture Content and Drying Method on Penetration of Monomers into Concrete," SP – 47, *Durability of Concrete*, American Concrete Institute, Farmington Hills, Mich.

Ramezanianpour, A. A. , and Malhotra, V. M. , 1995. "Effect of Curing on the Compressive Strength Resistance to Chloride Ion Penetration, and Porosity of Concretes incorporating Slag, Fly Ash, or Silica Fume," *Cement and Concretes Composites*, V. 17, No. 2, pp. 125 – 133.

Randy, J. , 1986. *Flim – Flam*, Prometheus Books, Buffalo, New York, 210 pp.

Raphael, J. M. , 1984. "Tensile Strength of Concrete," *ACI Jourmal*, V. 77, No. 2, Mar. – Apr. , pp. 158 – 165.

Rasheeduzzafar D. F. H. , and A1 – Gahtani, A. S. , 1984. "Deterioration of Concrete Structures in the Environment of the Middle East," *ACI Structural Journal*, V. 77, No. 1, Jan – Feb. , pp. 13 – 20.

Rasheeduzzafar, D. F. H. , and A1 – Kurdi, S. M. A. , 1993. "Efffect of Hot Weather Condtions on the Microcracking and Collrosion Cracking Potential of Reinforced Concrete," SP – 139, C. C. Fu and M. D. Daye, eds. , American Concrete Institute, Farmington Hills, Mich. , pp. 1 – 20.

Risom, M. R. , and Waddicor, J. , 1981. "Role of Lignosufonates as Superplasticizers," SP – 68, *Developments in the Use of Superplasticizers*, American Concrete Institute, Famington Hills, Mich. , pp. 359 – 379.

Rogalla, E. A. ; Krauss, P. D. ; and McDonald, D. B. , 1995. "Reducing Transverse Cracking in New Concrete Bridge Decks," *Concrete Construction*, Sept. , pp. 735 – 737.

Roger, H. , 1960. "Volume Changes of Concrete Affected by Aggregate Type," *Journal of the PCA*, Research and Development Lab, Sept. , pp. 13 – 19.

Roshore, E. C. , 1972, "Cement Durability Program—Long – Term Field Exposure of Concrete Columns," *Technical Report* C – 72 – 2, U. S. Army Engineer Waterways Experiment Station, Vicksburg, Miss. , Aug. , 21 pp.

Rostasy, F. S. , and Budelman, H. , 1986. "Strength and Deformation of Concrete with Variable Content of Moisture at Elevated Temperatures up to 90 F," *Cement and Concrete Research*, V. 16, No. 3, May, pp. 353 – 362.

Samaha, H. R. , and Hover, K. C. , 1989. "Influence of Microcracking on the Mass Transport Properties of Concrete," *ACI Materials Journal*, V. 86, No. 5, Sept. – Oct. , pp. 416 – 424.

Saricimen, H. ; Maslehudden, M. ; Abdulhnmid, J. A. ; and Abdulaziz, J. A, 1995. "Permeability and Durability of Plain and Blended Cement Concretes Cured in Field and Laboratory Conditions," *ACI Materials Journal*, V. 92, No. 2, Mar. – Apr. , pp. 111 – 115.

Schmitt, T. R. , and Darwin, D. , 1995. "Cracking in Concrete Bridge Deck," April, *Kansas Depatment of Transportation Report* No. K – Tran: KU – 94 – 1, 91 pp.

Scholer, C. H. , 1942. "Discussion of paper on Califomia Experience with ASR," *ACI Journal*, V. 38, Nov. Supplement, pp. 14 – 236.

Schoppel, K. , and Springenschmid, R. , 1994. "The Effect of Thermal Defomation, Chemical Shrinkage, and Swelling on Restraint Stresses in Concrete at Early Ages," *Thermal Cracking in Concrete at Early Ages*, E&FN Spon, London, pp. 213 – 220.

Schrader, E. K. , 1992. "Mistakes, Misconceptions, and Controversial Issues Concerning Concrete and Concrete Repairs – Part II," *Concrete International*, V. 14, No. 10, Oct. , pp. 48 – 51.

Schrage, I. , and Summer, T. , 1994. "Factors Influencing Early Cracking of High – Strength Concrete," *Thermal Cracking at Early Ages*, E&FN Spon, London, pp. 239 – 243.

Sellevold, E. ; Bjontegaard. O. ; Justnes, H. ; and Dahl, P. A. , 1994. *Thermal Cracking in Concrete at Early Ages*, E&FN Spon, London, pp. 229 – 236.

Shah, S. P. , 1990. "Fracture Toughness for High – Strength Concrete," *ACI Materials Journal*, V. 87, No. 3, May-June, pp. 260 – 265.

Sivasundarum, V. , and Malhotra, V. M. , 1992. "Properties of Concrete Incorporating Low Quantity of Cement and High Volumes of Ground Granulated Slag," *ACI Materials Journal*, V. 89, No. 6, Nov. – Dec. , pp. 554 – 563.

Skalny, J. , and Klemm, W. A. , 1981. "Alkalies in Clinker: Origin, Chemistry, Effects," *Conference, National Building Research Institute Pretoria, South Africa, Mar.

Skramtaev, B. G.; Gorchakov, G. I.; and Kapkin, M. M., 1963. "Long – Term Field Tests of Cements and Concretes in Alternate Conditions," *RILEM Bulletin* (*Paris*), No. 21, Dec., pp. 33 – 36.

Slate, F. O., and Matheus, R. E., 1967. "Volume Changes on Setting and Curing of Cement Paste and Concrete from Zero to Seven Days," *ACI Journal*, V. 64, No. 4, Jan., 34 pp.

Soroka, I., 1980. *Portland Cement paste and Concrete*, Chemical Publishing Co., Inc., New York, 338 pp.

Spears, R. E., 1981. "Concrete Technology Today – Is Quality Being Sacrificed?" *Concrete Laboratory Technical Confefence*, U. S. Bureau of Reclamation, Dec., pp. 141 – 152.

Sprague, J. C., 1941. "Effect of Materials on Cracking Tendency in Dams," *ACI Journal*, V. 37, June, 700 pp.

Springenschmid, R., and Breitenbucher, R., 1990. "Cement with Low Crack Susceptibility," *Proceedings of the Advances in Cementitious Materials Conference*, American Ceramics Society, pp. 701 – 713.

Springenschmid, R.; Breitenbucher, R.; and Mangold, M., 1994, *Thermal Cracking in Concrete at Early Ages*, E&FN Spon, London, pp. 137 – 134.

Stanley, G., 1906. "The Use of Salt in Concrete Sidewalks," *ACI Journal*, V. II, 288 pp.

Stanton, T. E., 1940. "Influence of Cement and Aggregate on Concrete Expansion," *Engineering News – Record*, Feb.

Stanton, T. E., 1942. "California Experience with the Expansion of Concrete through Reaction between Cement and Aggregate," *ACI Journal*, V. 38, Jan., pp. 1 – 236 to 39 – 236.

Stark, D., 1991. "The Moisture Condition of Field Concrete Exhibiting Alkali – Silica Reactivity," SP – 126, V. II, *Second CANMET/ACl International Conference on Durability of Concrete*, V. M. Malhotra, ed., pp. 973 – 987.

Stewart, C. F., 1965. "Progress Report – Webber Creek Deck Crack Study," California Division of Highways, Sacramento, Jan., 10 pp.

Streeter, D., 1996. "Developing a High – Performance Concrete Mix for New York State Bridge Decks," lecture presented at the Transportation Research Board Conference, Washington, D. C., Jan.

Sugiyama, T.; Bremmer, T. W. and Holm, T., 1996, "Effect of Stress on Gas Permeability," *ACl Materials Journal*, V. 93, No. 5, Sept. – Oct., pp. 443 – 455.

Susuki, N., and Iisaka, T., 1994. *Thermal Cracking in Concrete at Early Ages*, R. Springenschmid, ed., E&FN Spon, London, 246 pp.

Svendsen, J., 1981. "Alkali Reduction in Cement Kilns," *Conference*, National Building Research Institute, Pretoria, South Africa, Mar.

Swayze, M. A., 1942. "Early Volume Changes and Their Control," *ACI Journal*, V. 13, No. 5, Apr., 425 pp.

Tazawa, E.; Matsuoka, Y.; Miyazawa, S.; and Okamoto, S., 1994, "Effect of Autogenous Shrinkage on Self Stress in Hardening Concrete." *Thermal Cracking in Concerte at Early Ages*, E&FN Spon, London, pp. 222 – 228.

Tazawa, E., and Miyazawa. S., 1995. "Experimental Study on Mechanism of Autogenous Shrinkage of Concrete," *Cement and Concrete Research*, V. 25, No. 8, pp. 1633 – 1638.

Tazawa, E., and Miyazawa. S., 1995. "Influence of Cement and Admixture on Autogenous Shrinkage of Cement Paste," *Cement and Concrete Research*, V. 25, No. 2, 281 pp.

Tremper, B., 1941. "Evidence in Washington of Deterioration of Concrete through Reactions between Aggregates and High – Alkali Cements," *ACI Journal*, V. 37, June, pp. 673 – 686.

Tremper, B., and Spellman, D. L., 1963. "Shrinkage of Concrete: Comparison of Laboratory and Field Performance," *Highway Research Record* 3, 30 pp.

Tuthill, L. H., 1976. "Games People Play with Concrete," *ACI Journal*, V. 73, No. 55, Dec., pp. 671 - 685.

U. S. Bureau of Reclamation, March, 1975 *Concrete Manual*, eighth edition, Denver, Colo., 627 pp.

Vallenta, O., 1968. "Durability of Concrete," *Proceedings of the 5th International Symposium on the Chemistry of Cements*, Tokyo, V. 3, pp. 193 - 225.

Vivian, H. E., 1981. "Alkalies in Cement," *Conference*, National Building Research Institute, Pretoria, South Africa, Mar.

Vivian, H., 1987. "The Importance of Portland Cement on the Durability of Concrete," SP - 100, V. 2, *Concrete Durability - Katharine and Bryant Mather International Conference*, John M. Scanlon, ed., American Concrete institute, Farmington Hills, Mich., 1691 pp.

von Fay, K. F., 1995. "Effects of Various Fly Ashes on Compressive Strength, Resistance to Freezing and Tbawing, Resistance to Sulfate Attack, and Adiabatic Temperature Rise of Concrete," *U. S. Bureau of Reclamation Report* No. R - 95 - 02, Feb., 55 pp.

Washa, G. B., 1940. "Comparison of the Physical and Mechanical Properties of Hand - Rodded and Vibrated Concrete Made with Different Cements," *ACI Journal*, V. 36, June, pp. 617 - 645.

Washa, G., and Fedell, R. L., 1964. "Non - Plastic Expanded Slag Concrete Containing Fly Ash," *ACI Journal*, V. 61, No. 60, Sept., pp. 1109 - 1123.

Washa, G., and Wendt, K., 1975. "Fifty - Year Properties of Concrete," *ACI Journal*, Vol. 71, No. 4, Jan., pp. 20 - 28.

White, A. H., et al., 1928. "Crazing in Concrete and the Growth of Hair Cracks into Structural Cracks," *ACI Journal*, V. 24, 190 pp.

Whiting, D., 1988. "Permeability of Selected Concretes," SP - 108, *Permeability of Concrete*, David Whiting and Arthur Walitt, eds., American Concrete Institute, Farmington Hills, Mich., pp. 195 - 222.

Whiting, D., and Walitt, A., 1988. "Permeability of Concrete," SP - 108, *Permeability of Concrete*, David Whiting and Arthur Walitt, eds., American Concrete Institute, Farmington Hills, Mich., 224 pp.

Whiting, D., 1989. "Durability of High - Strength Concrete," SP - 100, *Concrete Durability — Katharine and Bryant Mather International Conference*, John M. Scanlon, ed., American Concrete Institute, Farmington Hills, Mich., pp. 169 - 186.

Wiegfink, K.; Marikunte, S.; and Shah, S. P., 1996. "Shrinkage Cracking of High - Strength Concrete," *ACI Materials Journal*, V. 93, No. 5, Sept. - Oct., pp. 409 - 415.

Wiley, G., and Coulson, D. C., 1937. "A Simple Test for Water Permeability of Concrete," *ACI Journal*, V. 33, No. 5, Sept. - Oct., pp. 65 - 75.

Withey. M. O., 1942. Discussion of "*A Concrete Failure Attributed to Aggregate of Low Thermal Coefficient*," Pearson (1941), V. 13, No. 1, June, pp. 36 - 72.

Withey, M. O., and Wendt, K. F., 1943. "Some Long Time Test of Concrete," *ACI Journal*, V. 14, No. 3, Feb., p. 221.

Wood, S. L., 1992. "Evaluation of the Long - Term Properties of Concrete," *Research and Development Bulletin* RDI02T, Portland Cement Association, Skokie, Ⅲ., 57 pp.

Woods, H., 1954. "Observations on the Resistance of Concrete to Freezing and Thawing," *ACI JOURNAL*, *Proceedings* V. 51, No. 7, Dec., 345 pp.

Wuerpel, C. E., 1946. "Laboratory Studies of Concrete Containing Air – Entraining Mixtures," *ACI Journal*, V. 42, No. 15, Feb., pp. 305 – 359.

Yamazaki, M., 1994. "A Large Beam Cooled with Water Shower to Prevent Cracking," *Thermal Cracking in Concrete at Early Ages*, E&FN Spon, London, pp. 425 – 433.

Young, R. B., 1931. "More Lessons from Concrete Structures in Service," *ACI Journal*, V. 27, Part Ⅱ, pp. 1065 – 1091.

Ytterberg, R. F., 1987. "Shrinkage and Curling of Slabs on Grade, Part 1—Drying Shrinkage," *Concrete International*, V. 9, No. 4, Apr., pp. 22 – 31.